DANJI JIBING ZHENZHI TUPU

蛋鸡疾病诊治图谱

董云　主编

山东科学技术出版社
·济南·

图书在版编目（CIP）数据

蛋鸡疾病诊治图谱 / 董云主编 . -- 济南：山东科学技术出版社，2022.3
ISBN 978-7-5723-1207-6

Ⅰ . ①蛋…　Ⅱ . ①董…　Ⅲ . ①卵用鸡－鸡病－诊疗－图谱　Ⅳ . ① S858.31-64

中国版本图书馆 CIP 数据核字 (2022) 第 045269 号

蛋鸡疾病诊治图谱
DANJI JIBING ZHENZHI TUPU

责任编辑：于　军
装帧设计：李晨溪

主管单位：山东出版传媒股份有限公司
出 版 者：山东科学技术出版社
地址：济南市市中区舜耕路 517 号
邮编：250003　电话：（0531）82098088
网址：www.lkj.com.cn
电子邮件：sdkj@sdcbcm.com
发 行 者：山东科学技术出版社
地址：济南市市中区舜耕路 517 号
邮编：250003　电话：（0531）82098067
印 刷 者：山东彩峰印刷股份有限公司
地址：潍坊市福寿西街 99 号
邮编：261031　电话：（0536）8216157

规格：12 开（240 mm × 255 mm）
印张：7.5　　字数：20 千
版次：2022 年 3 月第 1 版　印次：2022 年 3 月第 1 次印刷
定价：99.00 元

作者名单

主　编　董　云

主　审　张秀美

编　者　闫　刚　王品伟　王　媛　石少明　董栋梁

陈　言　王好扬　朱丽华　周　兰　赵　秀

齐敏杉　马创辉　张高雷　代振崴　李建明

夏　英　刘开顺　张小卫　刘苏婷　徐　冰

董　云

从事蛋鸡养殖和疾病防治工作20余年，现任董云讲蛋鸡培训学院院长、山东云蓝生物科技有限公司董事长，快手、抖音等自媒体授课老师。在蛋鸡饲养管理、蛋鸡高产技术推广应用和疾病诊疗方面有着丰富的临床实践经验。在全国举办蛋鸡饲养技术培训课近千场，蛋鸡养殖粉丝数十万计。

张秀美

山东省农业科学院畜牧兽医研究所研究员。从事家禽疫病研究40年，主持完成多项国家、省部级重大科研项目。主笔发表研究论文120余篇，主编养禽与禽病专著16部。

[目　录]

CONTENTS

病 毒 病

细 菌 病

寄生虫病

营养缺乏症

新陈代谢病

其他疾病

[病毒病]

BINGDU BING

鸡新城疫

鸡新城疫是由副黏病毒引起的急性、烈性、高度接触性传染病。

一、临床症状

本病一年四季均可发生，秋、冬、春季高发。蛋鸡感染新城疫病毒后，表现精神沉郁，排绿色稀粪或黄白绿色粪，口流黏液，伴有采食量下降，产蛋率下降，软皮蛋增多。呼吸道症状为打呼噜。病鸡从精神萎靡到死亡，仅需 24~48 个小时。接种了新城疫疫苗的鸡场，临床多表现非典型症状，死亡率低或鸡不死亡，只是表现轻微的呼吸道症状和产蛋率下降。青年鸡可见神经症状，表现头颈震颤、转圈、观星姿势等。

二、剖检病变

输卵管萎缩、卵泡菜花状或者有“黑眼珠”样坏死。个别鸡的腹部脂肪出血，盲肠扁桃体出血，腺胃乳头出血，肠道弥漫性出血或有出血斑。呼吸道症状严重病例会有气管出血。

病鸡精神沉郁

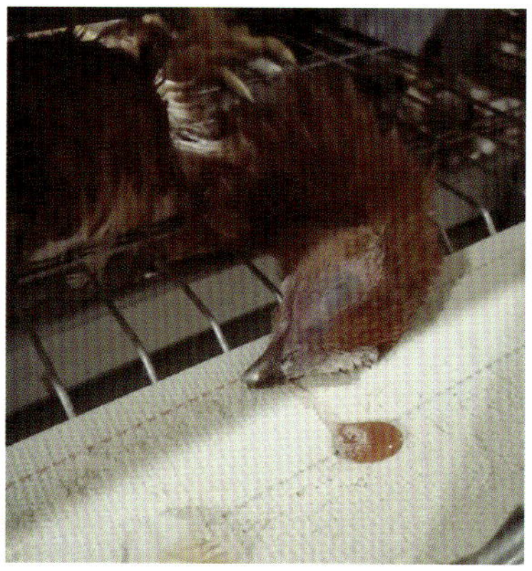
病鸡口流黏液

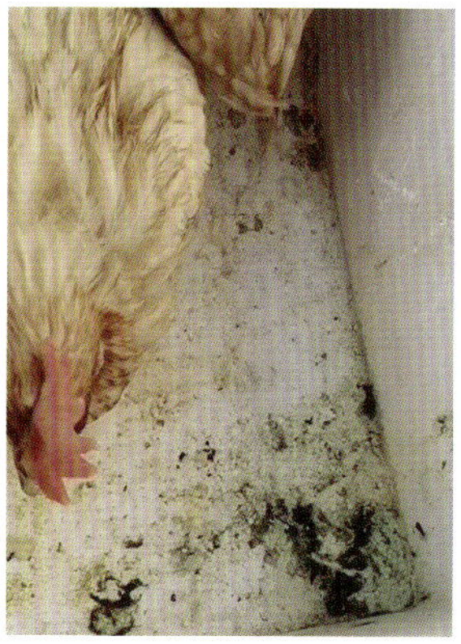
病鸡排稀绿色粪便

排绿色稀便

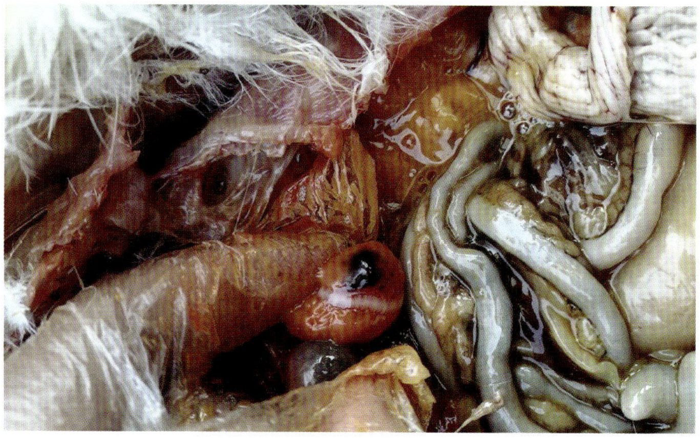
卵泡出现“黑眼珠”样坏死

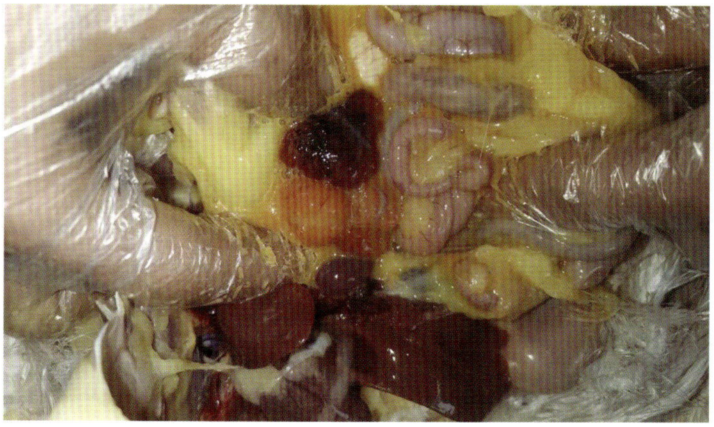
卵泡坏死

三、防治措施

加强隔离消毒。平时做好免疫接种工作，夏季隔 3 个月，春、秋、冬季隔 2 个月，接种一次新流二联苗。注意选择正规的大厂家疫苗，可以给鸡群提供 3 个月的保护力。

一旦鸡场发生疫情，应采取病死鸡深埋、环境消毒等措施，防止疫情扩散。发病早期大群鸡可用抗病毒的生物制剂饮水，以提高机体抵抗力。不建议使用冻干苗紧急接种，会增加死亡率。

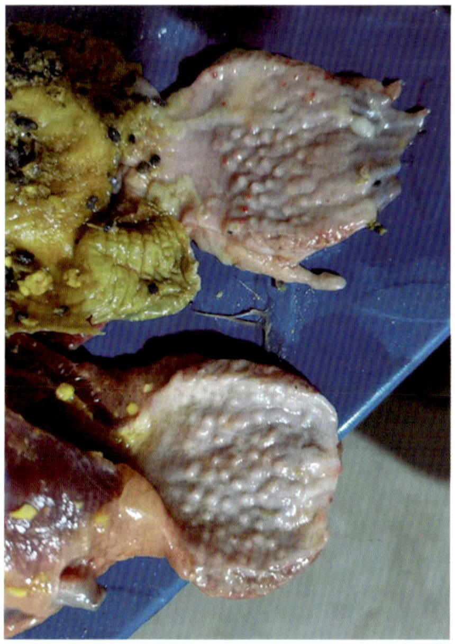

腺胃出血

软皮蛋增多

卵泡菜花样病变

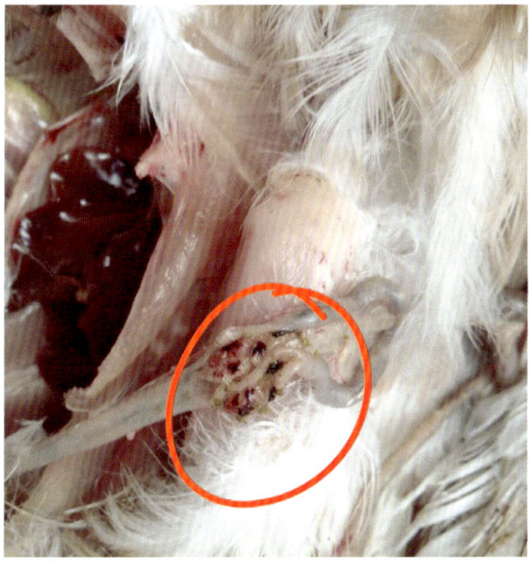

盲肠扁桃体出血

卵泡变性

禽流感

禽流感是由 A 型流感病毒引发的烈性传染病。目前我国流感流行情况复杂，高致病禽流感病毒 H5 检出率仍旧较高，主要以 H5N6 毒株为主，H5N1、H5N2 等毒株也存在。H5 流行毒株仍旧处于 2.3.4.4d 分支，对应疫苗为 H5 的 Re-11。H5 2.3.2.1d 分支也有少量检出，对应疫苗为 H5 的 Re-12。

禽流感在所有蛋鸡疾病中死亡率最高，对输卵管、卵泡等生殖系统破坏严重，表现为产蛋性能大幅度下降，采食量下降快等。

一、临床症状

1. 高致病性禽流感 H5

鸡冠发绀，肿肉髯、肿头肿脸是禽流感特征性症状。高产鸡突然死亡。

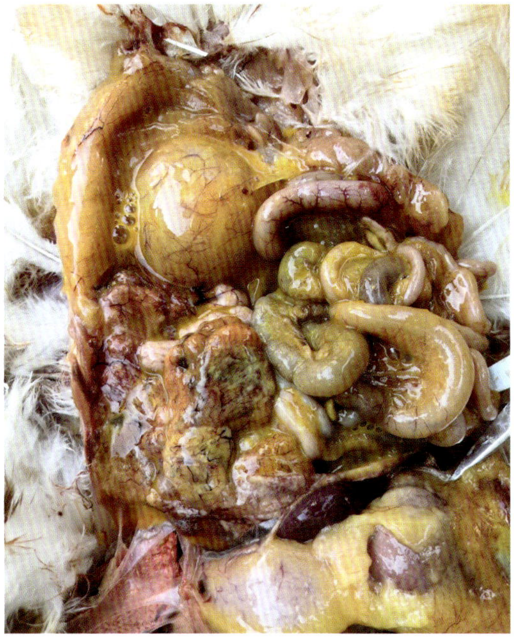

卵黄性腹膜炎

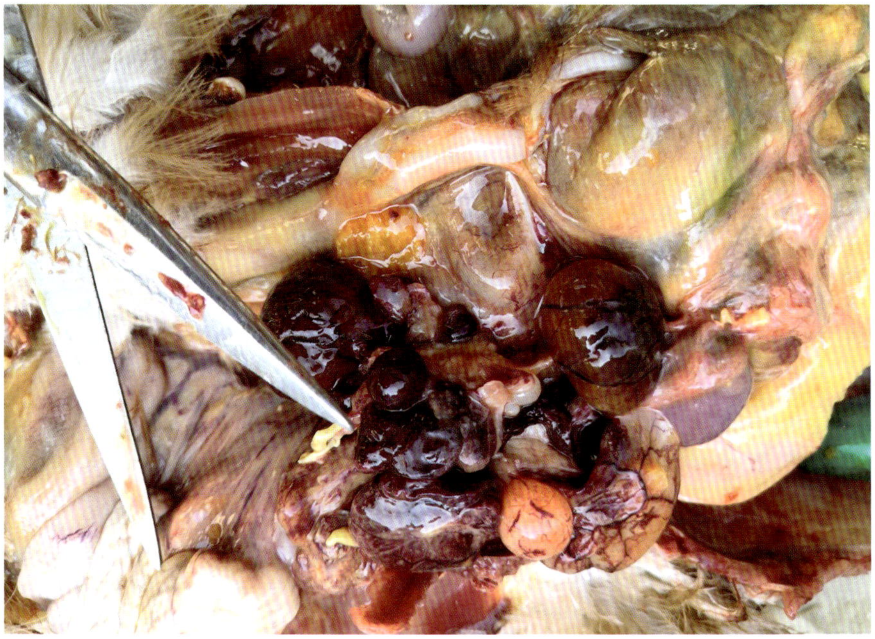

卵泡坏死

2. 低致病性禽流感 H9

主要表现为呼吸道症状，生长速度变慢，但是死亡率不高。病鸡肿头肿脸、鸡冠发绀，死胖鸡，排白色稀便。病鸡尖叫，伴有呼噜声，采食量大幅度下降，死亡高峰期会集中在发病后 3~5 天。

二、剖检病变

腹部脂肪、心脏脂肪出血，输卵管危害严重。

本病引起卵泡破裂、液化、变性等，输卵管内脓性分泌物是判定本病的特征性病变。腺胃出血不能判定本病，新城疫、腺胃炎、法氏囊炎都有腺胃出血。高致病性流感主要侵害产蛋鸡，鸡育雏期和育成期死亡率低，主要表现呼吸道症状。

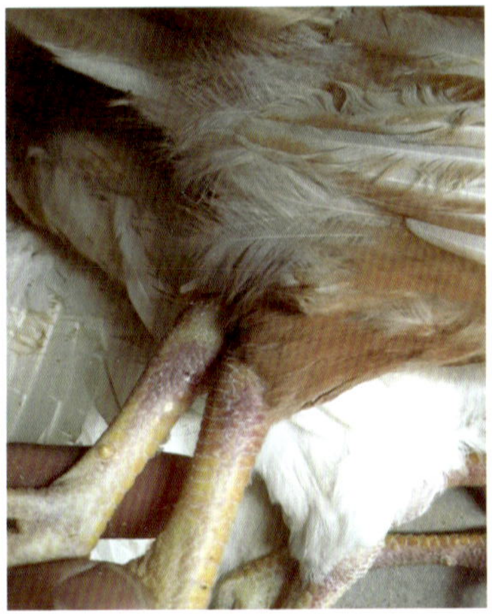

胫部鳞片出血

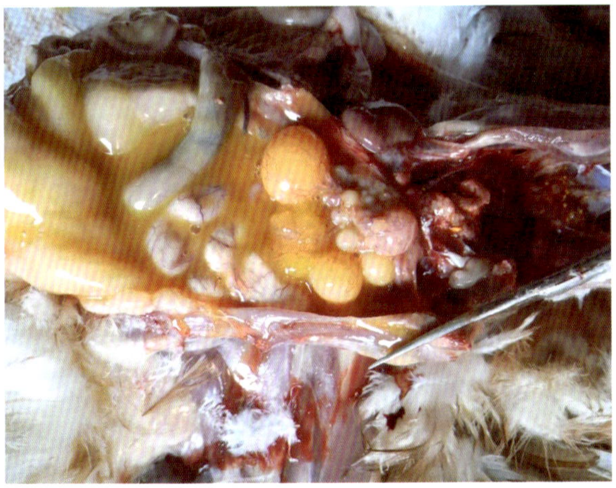

卵泡液化

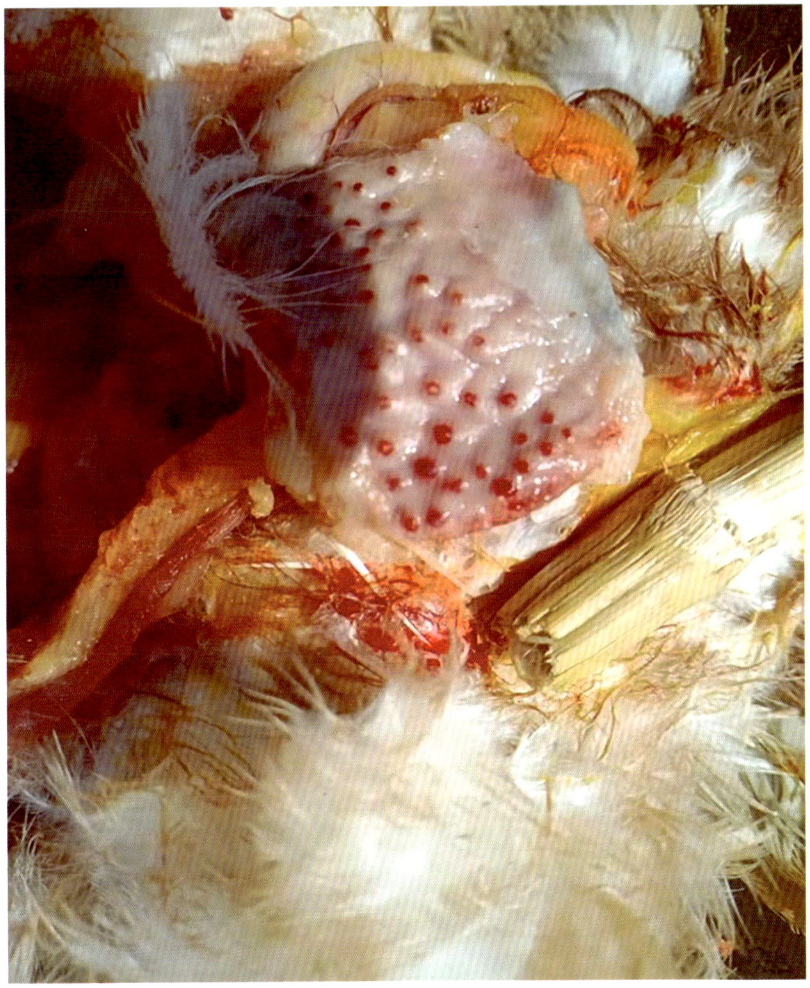

腺胃乳头出血

H7N9 毒株相对 H5N1 毒株温和一些，死亡率一般不超过 30%。病鸡采食量下降，死亡高峰期在发病后 3~5 天。

三、预防措施

15 日龄鸡，接种禽流感 H5–H7 二联灭活苗；21 日龄鸡，接种新城疫 – 传染性支气管炎 –H9 三联灭活苗；40 日龄鸡，接种禽流感 H5–H7 二联灭活苗；65 日龄鸡，接种新城疫 –H9 二联灭活苗；110 日龄鸡，接种禽流感 H5–H7 二联灭活苗；125 日龄鸡，接种新城疫 – 传染性支气管炎 –H9 三联灭活苗。

鸡冠发绀，眼睑肿胀

鸡蛋品质下降，畸形蛋增多

鸡冠发绀

排黄白绿色稀便

排白色稀便

蛋鸡开产后，最好根据抗体检测结果确定免疫时间。如果没有检测条件，一般隔 3 个月免疫一次。

预防禽流感，除了疫苗质量、免疫及时、防疫程序合理等因素，还要确保每一只鸡都要打上疫苗，加上管理到位、营养合理，鸡群保护率可以达到 90% 以上。

病鸡急性死亡

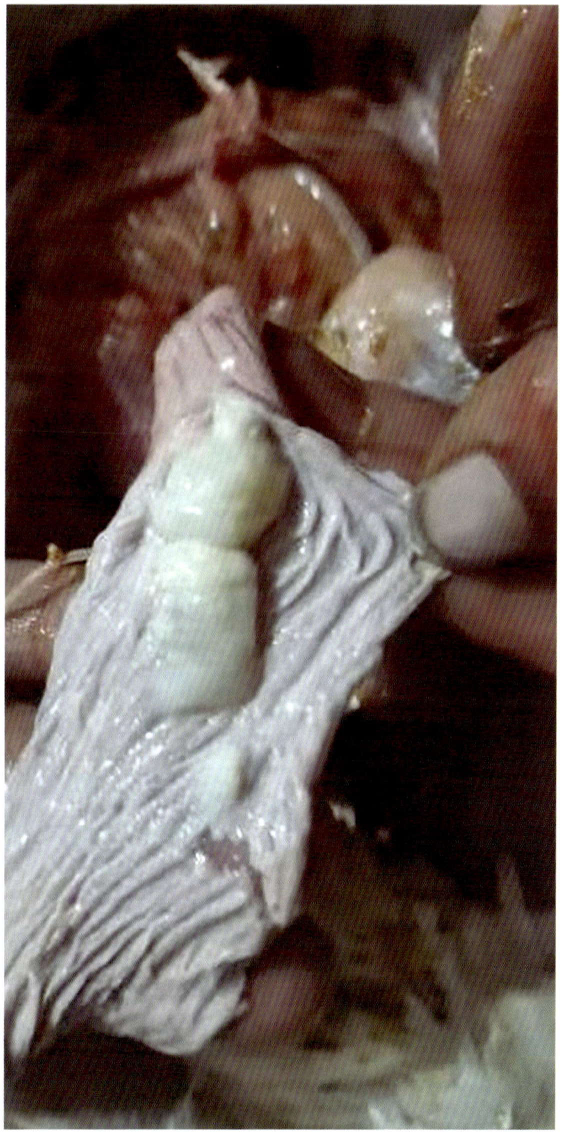

输卵管内白色胶冻样渗出物

传染性支气管炎

鸡传染性支气管炎由冠状病毒引起，包括肾型、呼吸道型和生殖道型。该病主要侵害肾脏、呼吸道及生殖器官。

一、肾型传染性支气管炎

1. 临床症状

主要侵害十几天的雏鸡，防疫密集、应激大、免疫力下降时更得注意。如育雏舍温差超过3~5℃，小鸡受凉后易发病。大群鸡看上去精神状态不错，个别鸡打盹、缩脖、闭眼睛、扎堆，干爪，死淘率升高。

2. 剖检病变

病鸡肾脏肿大，充满白色尿酸盐，输卵管内水样囊肿。

3. 治疗措施

提高舍温 2~3℃，降低饲料蛋白质水平，抗病毒 + 消炎 + 通肾药物治疗。

二、呼吸道型传染性支气管炎

主要发生在产蛋期。

病鸡缩颈呆立

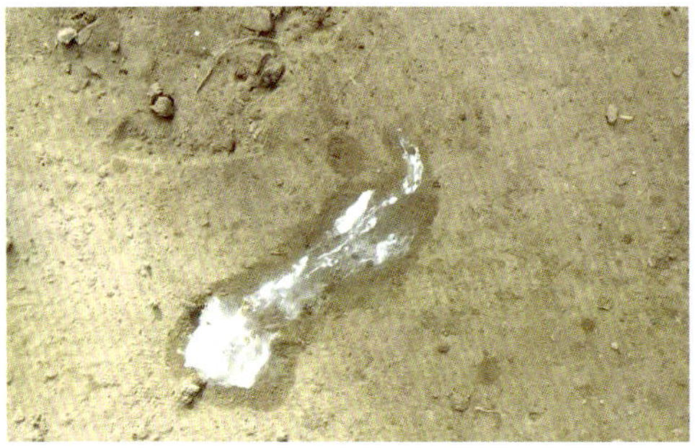

排白色稀便

肾脏肿大，充满尿酸盐

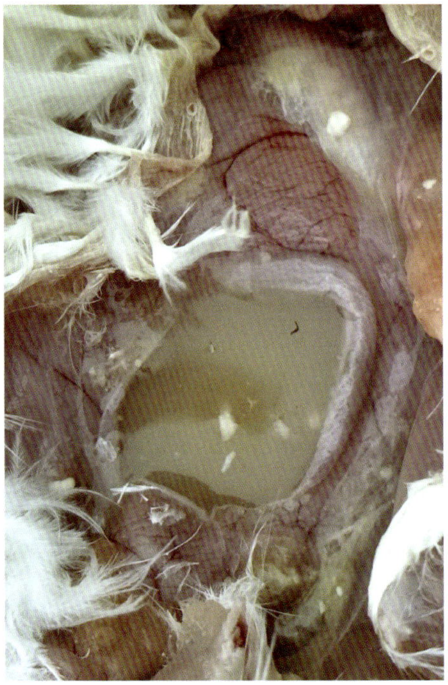

输卵管内水样囊肿

1. 临床症状

呼吸道症状较轻，粪便稀薄，产蛋率下降5~7天。待产蛋率稳定后，出现大量的软皮蛋、沙皮蛋、畸形蛋、薄壳蛋，蛋清稀薄如水。

2. 防治措施

提高抗病力；减少舍内温差，减少应激；采用抗病毒和维生素等无抗产品辅助治疗。

三、生殖道型传染性支气管炎

鸡群产蛋无高峰期，有不下蛋的“假母鸡”。

1. 临床症状

鸡群产蛋率50%~80%或不到40%，怀疑该病。近年来发病率有上升趋势，鸡群症状不明显，但有大红冠子公鸡状“假母鸡”出现，病鸡发热，大腿内侧会比正常鸡高2℃以上，有烫手感。鸡腹有波动感，像企鹅一样。鸡笼里随处可见软皮蛋和无壳蛋。对于有以上症状或无症状，但不产蛋的病鸡，要及时挑出。

产大量软壳蛋

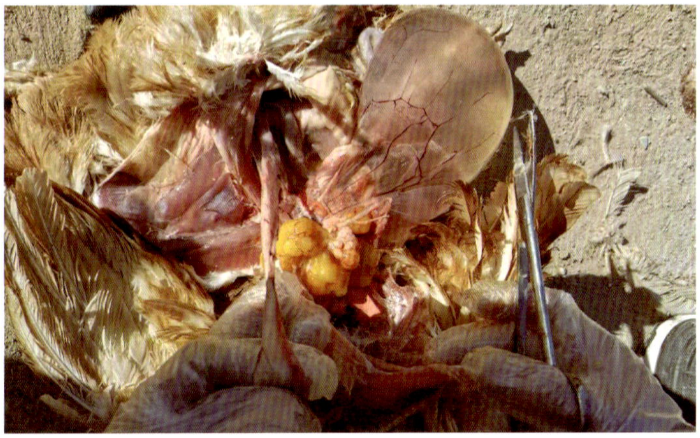

输卵管损伤和积液

输卵管充满液体

卵泡发育好，但输卵管不发育

软壳蛋增多

2. 剖检病变

卵泡发育好，但输卵管不发育，仅小拇指头粗，而且只有 10 厘米长。子宫部有白色或褐色的钙沉积物。有的病鸡输卵管内有透明积液。

3. 防治措施

（1）1 日龄、7 日龄、21 日龄、60 日龄、110 日龄鸡，进行传染性支气管炎活疫苗防疫；21 日龄、110 日龄鸡，进行传染性支气管炎灭活疫苗防疫。

（2）高温育雏，可有效防控传染性支气管炎。

（3）避免育雏前期的温差过大。

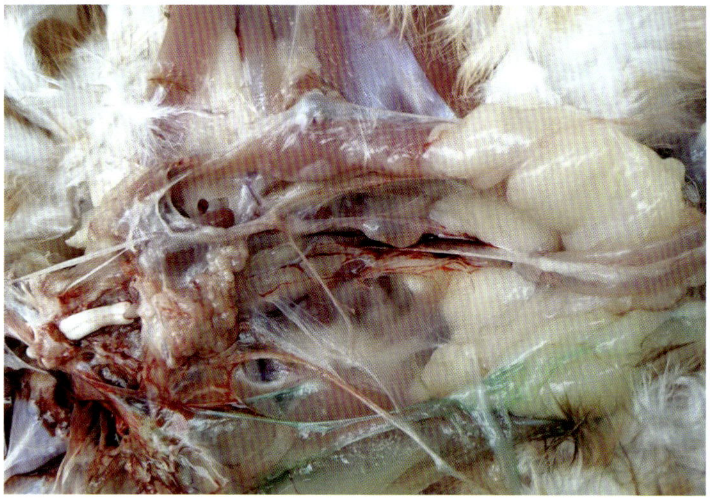

输卵管不发育

“假母鸡”长得像公鸡

冠子又厚又红

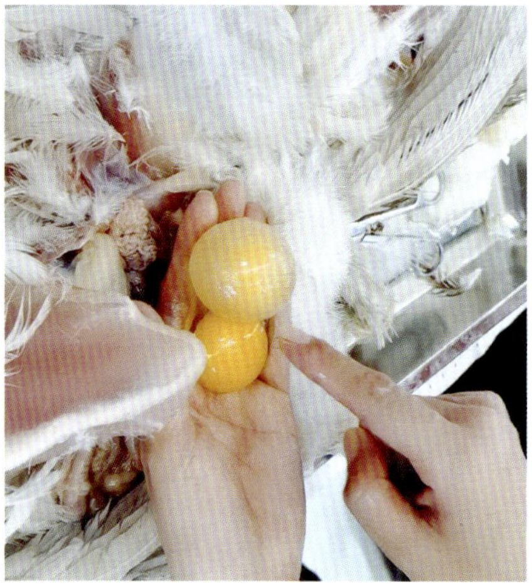

输卵管内有软皮蛋

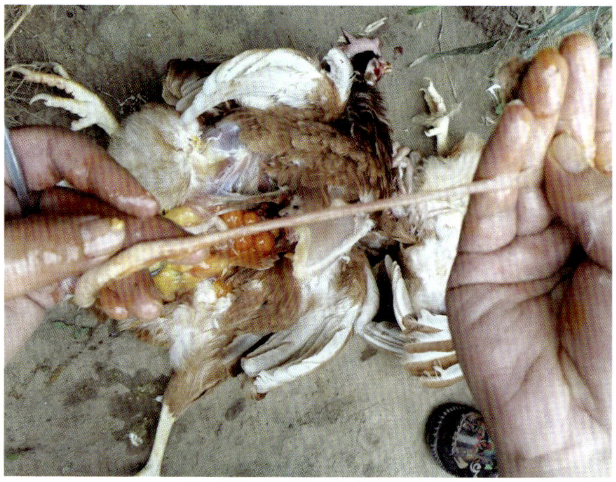

输卵管又细又短

水裆鸡呈企鹅状

传染性喉气管炎

传染性喉气管炎，简称“传喉”，属于急性呼吸道传染疾病。

一、临床症状

1. 接种过疫苗鸡

表现为尖叫、打呼噜、咳嗽，3 天内全鸡群感染。

2. 没有接种过疫苗鸡

除了有呼吸道症状外，还会甩血条，喉头上附着堵塞物（易剥离），甚至死亡。本病还会导致产蛋率下降，出现沙皮蛋、畸形蛋、白皮蛋等。

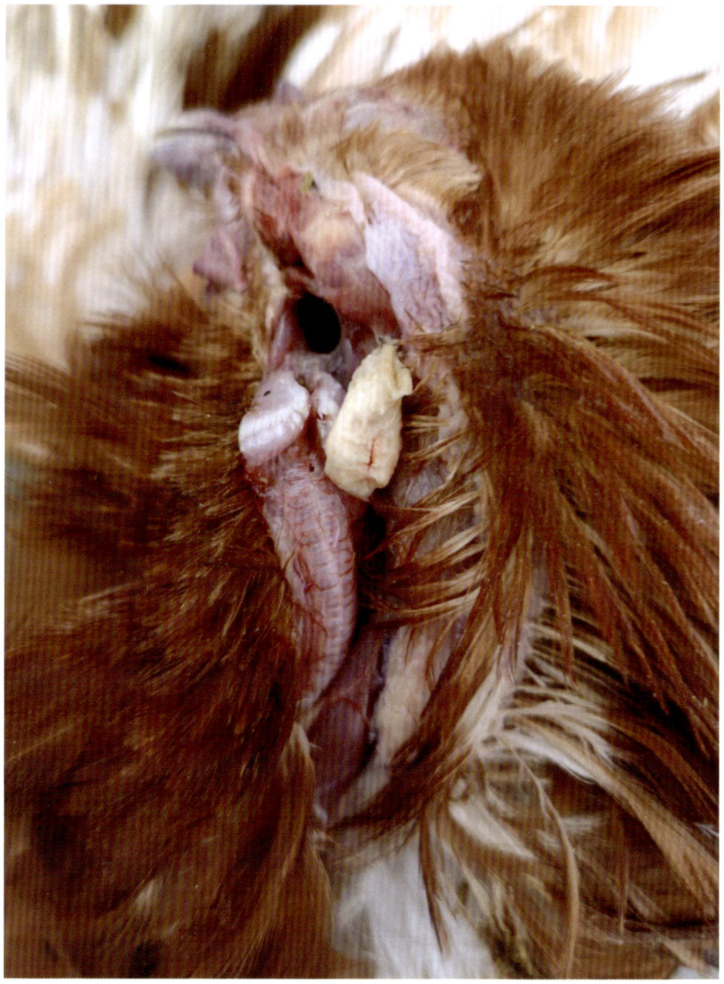

渗出堵塞物易剥离

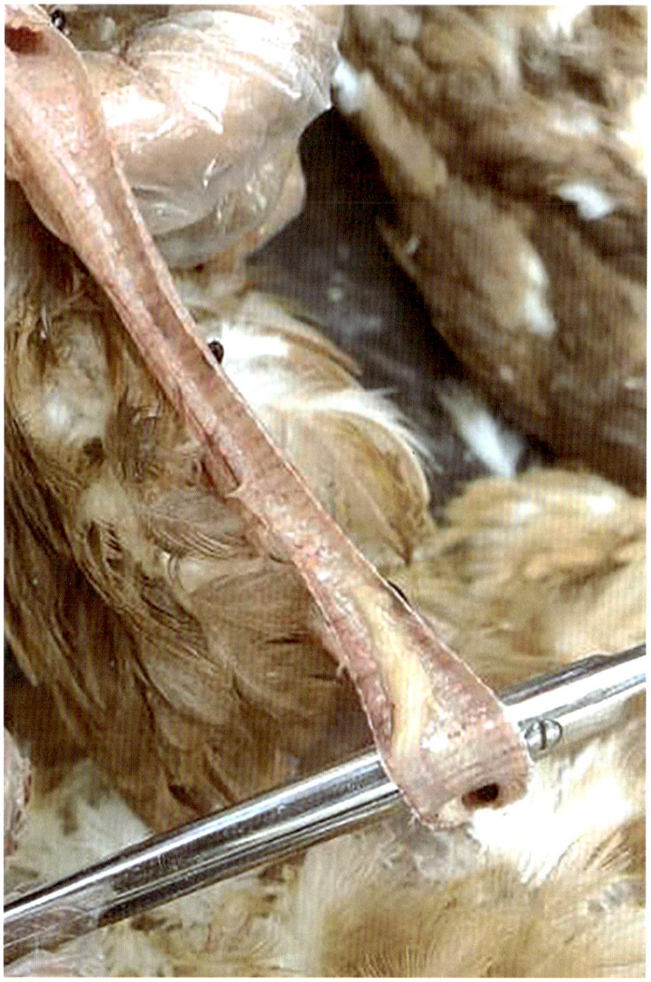

气管内有黄白色渗出物

二、防治措施

一般在鸡开产前35日龄和80日龄各免疫一次。

紧急接种2~3倍量的传染性喉气管炎疫苗，点眼，用纱布缠到棉签上涂肛。

推荐使用抗病毒+呼吸道+防继发感染药物。

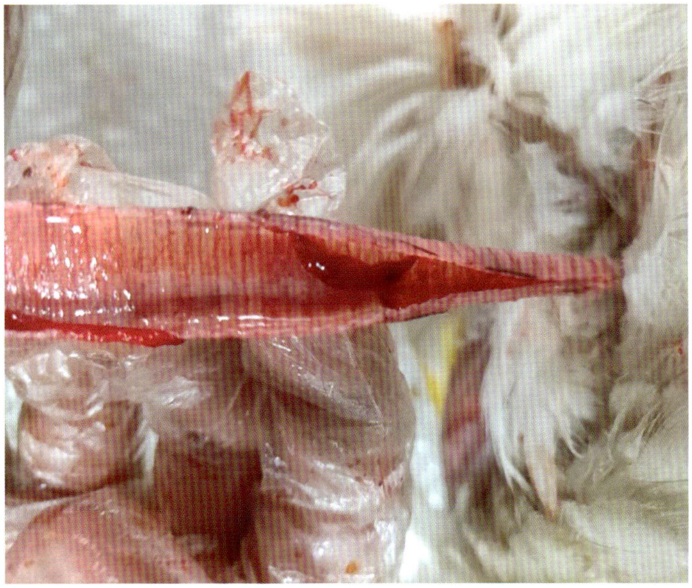
气管潮红出血

气管内有条状出血

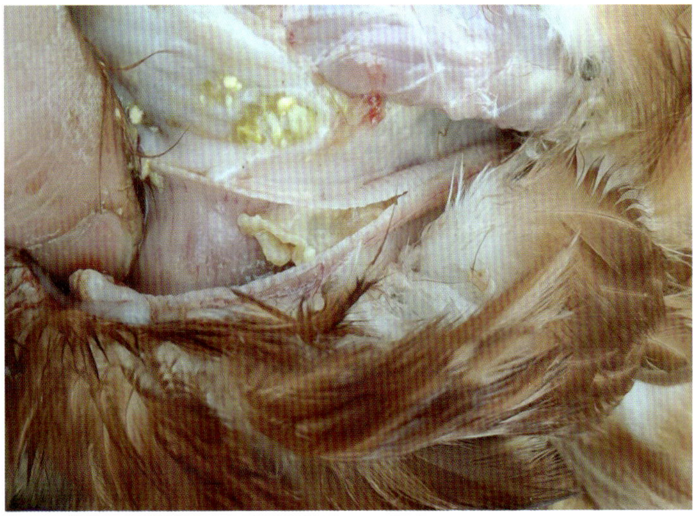
气管内有黄白色渗出物

病鸡甩血条

鸡 痘

鸡痘是由痘病毒引起的急性、接触性传染病。本病夏季多发，通过库蠓和蚊虫叮咬感染。病鸡表现消瘦、营养不良、抵抗力下降。

一、临床症状

1. 皮肤型

鸡冠、肉髯、鸡喙、脚趾等部位生长痘斑。一般感染 5 天后出现灰白色小疙瘩，10 天后出现明显的痘斑和结痂。

2. 眼型

痘斑长在鸡眼睛周围，机体消瘦。

3. 喉型

在喉头和气管黏膜处有黄白色痘状结节，不易剥离。喉型鸡痘会直接导致机体窒息而死。得了鸡痘，最好的办法就是紧急接种。接种后 2~3 天可能还会有持续死亡，3 天后死亡率会降低。

喉头堵塞，引起窒息

机体无毛处长满了痘斑

二、防治措施

建议 20 日龄首免，100 日龄二免。疫苗用生理盐水稀释后，在鸡翅内侧“三角区”翼膜处刺种。在刺种后 4~6 天，如 80％以上鸡有痘斑和结痂，表明免疫成功。

鸡舍安装纱窗，阻隔蚊子和库蠓。

抗病毒 + 防继发感染治疗。

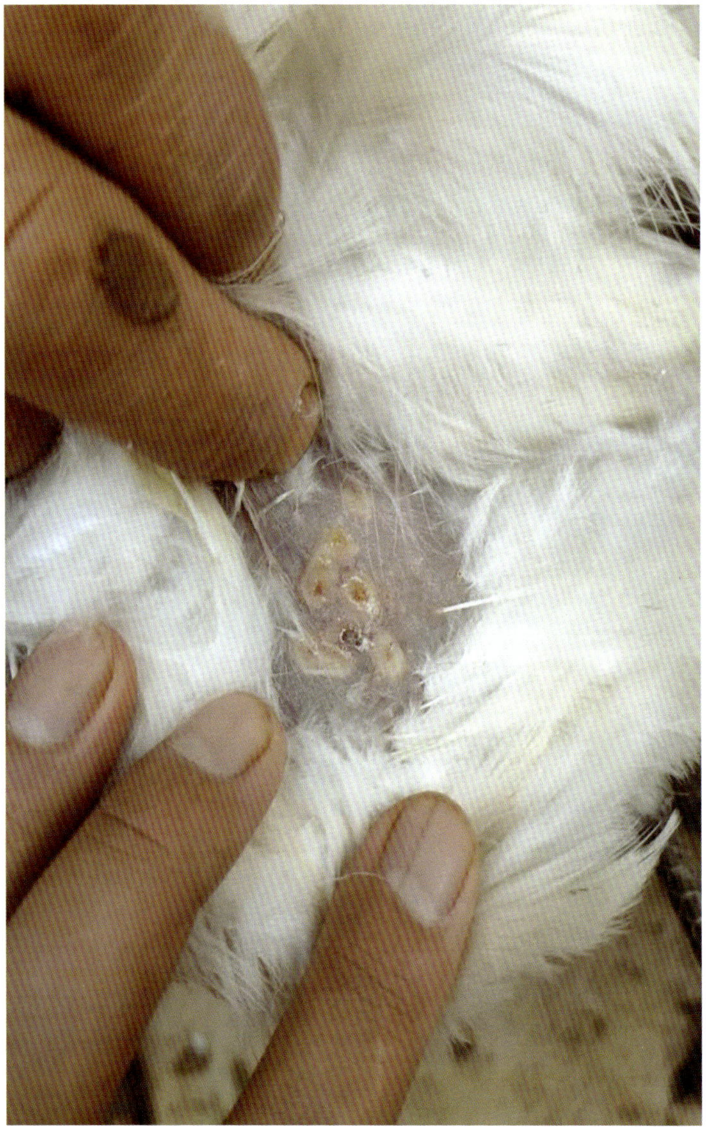

皮肤痘斑

眼部鸡痘

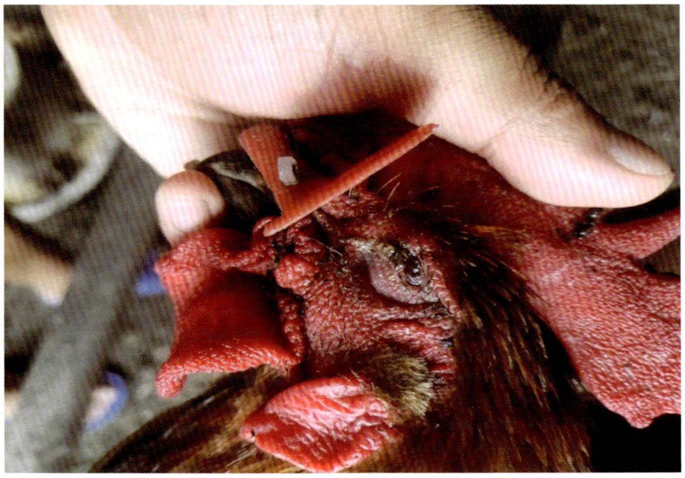

鸡眼部痘斑导致失明

喙部长满了痘斑

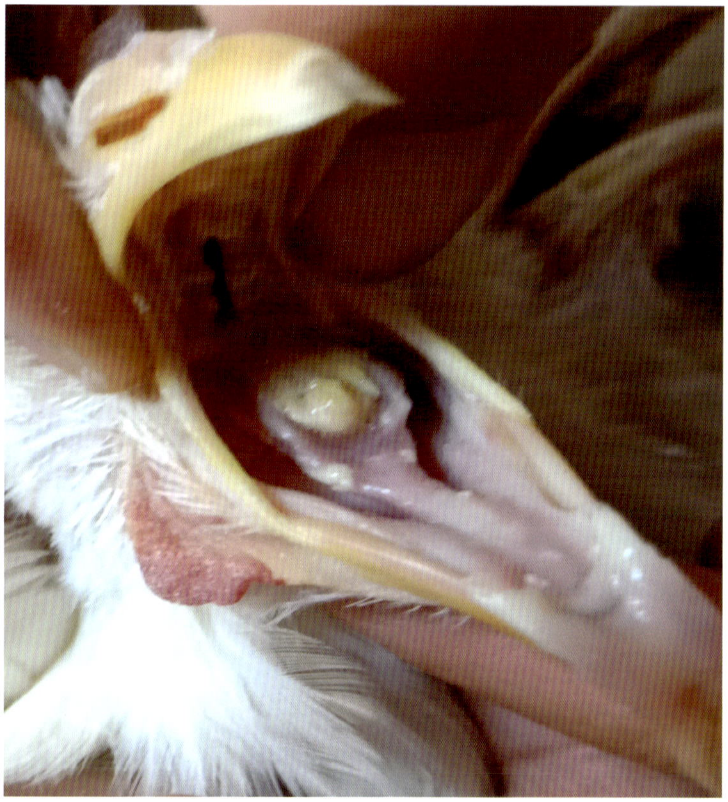

喉头部痘斑堵塞

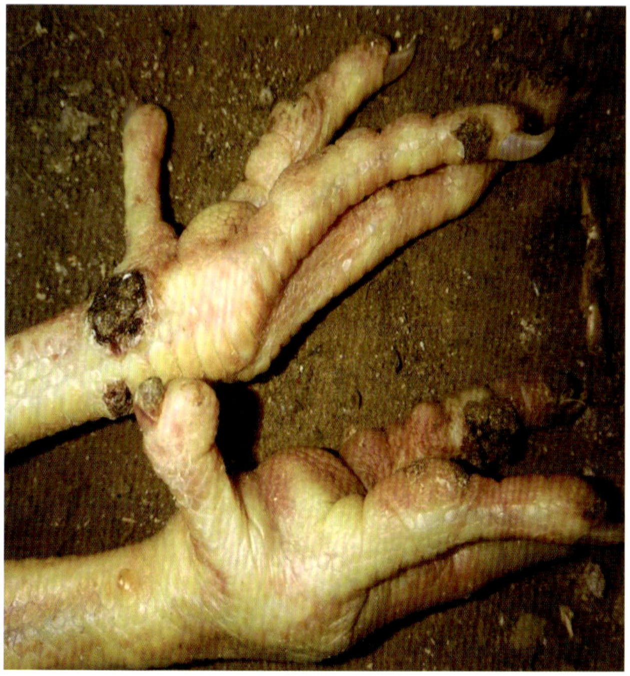

脚趾部痘斑

鸡冠和肉髯痘斑

传染性法氏囊病

本病属于免疫抑制性疾病，主要侵害60日龄内雏鸡。近年来发病率不高，与育雏期养殖条件的改善有很大关系。

一、临床症状

病鸡精神沉郁，采食量减少，饮水量增多。有些鸡会自啄肛门，排白色水样稀便。鸡群突然发病，3~4天达到死亡高峰，7~8天死亡停止。

二、剖检病变

法氏囊肿胀，严重者法氏囊出血、坏死、萎缩，呈紫葡萄样。病死鸡表现为脱水，腿和胸部肌肉常有出血、颜色暗红。肾肿胀，肾小管和输尿管充满白色尿酸盐。腺胃和肌胃交界处出血。

病鸡精神沉郁

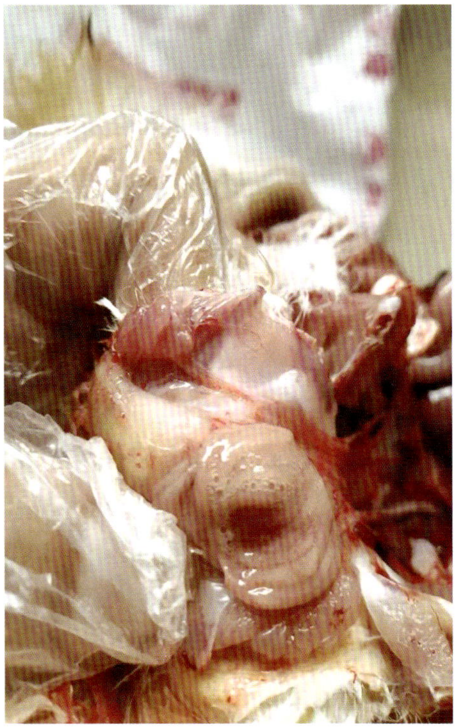

法氏囊出血，有渗出物

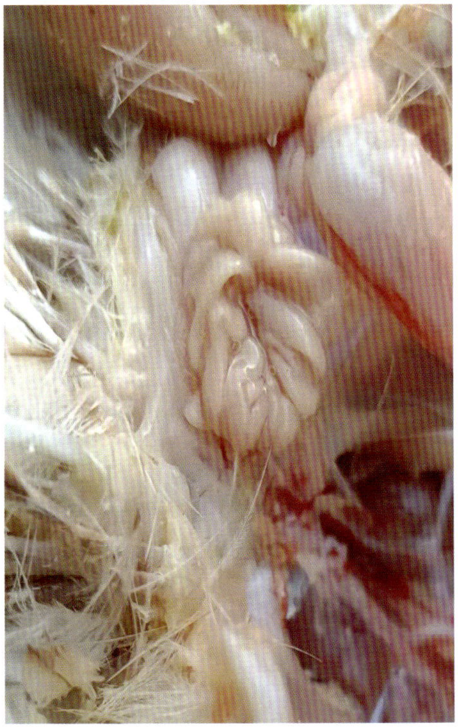

法氏囊肿胀，有分泌物，严重者有出血点

三、防治措施

加强饲养管理，育雏期控制鸡舍温差，减少鸡群冷应激。雏鸡 1 日龄注射或 14 日龄饮水免疫。卵黄抗体注射，同时黄芪多糖饮水 + 通肾治疗，防止继发感染。

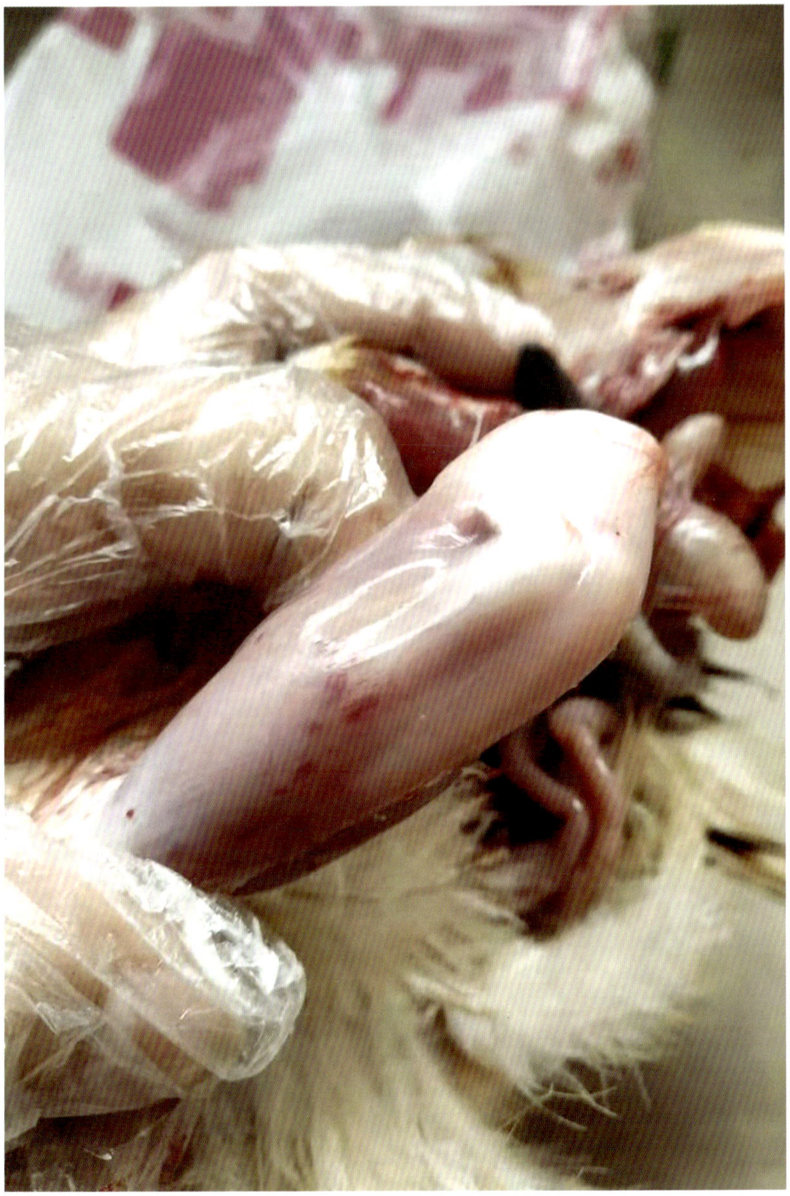

腿肌出血斑

排白色水样稀便

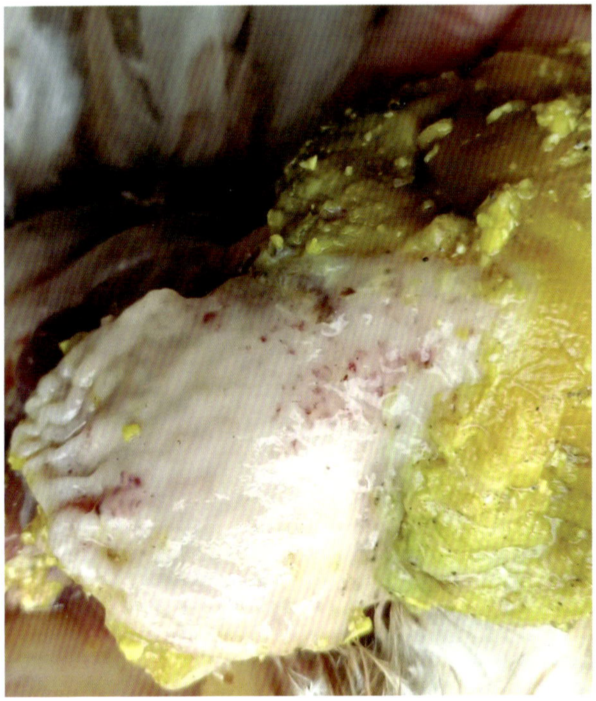

腺胃和肌胃交界处出血

马立克病

马立克病是一种肿瘤性、病毒性、免疫抑制性传染病，主要分为 5 种类型。

1. 内脏型

病鸡消瘦，鸡冠萎缩，最后衰竭死亡。剖检，心、肝、肺、胰脏、腺胃、脾脏有不同程度肿大，并有大量乳白色肿瘤结节。

2. 神经型

病鸡表现神经麻痹，一只腿朝前，一只腿朝后，呈劈叉状。

3. 眼型

病鸡瞳孔收缩，边缘不整齐，像锯齿状。

4. 皮肤型

病鸡皮肤上散布着大小不等的肿瘤。

5. 混合型

病鸡有两种或两种以上的病变。本病无特效药，1 日龄雏鸡疫苗接种可有效防控。

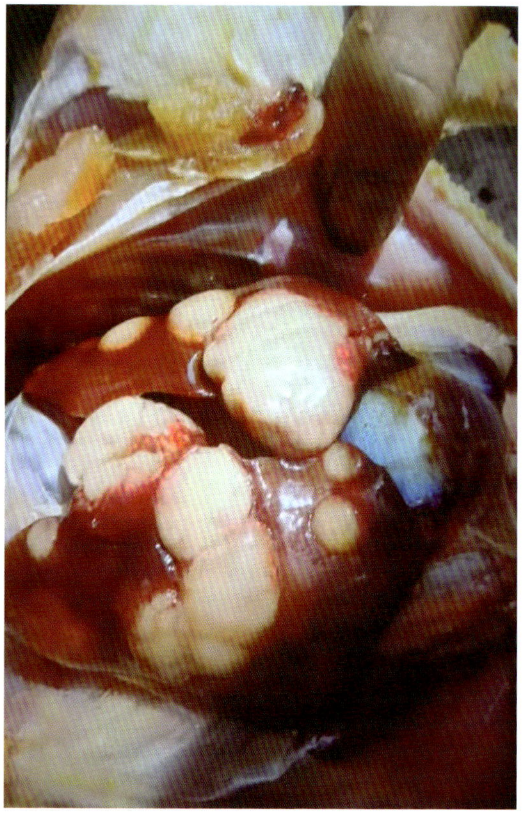

肝脏肿瘤结节

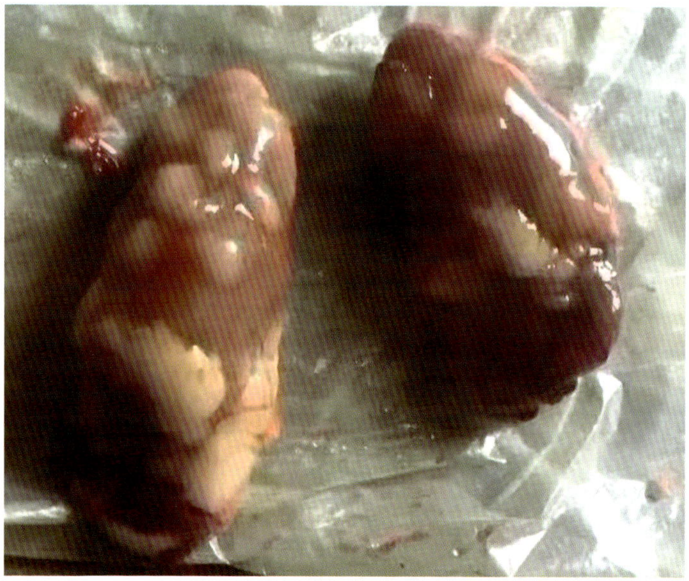

心脏肿瘤结节

病鸡呈典型劈叉状

白 血 病

禽白血病是一种病毒性肿瘤病，主要引起各种不同内脏组织的肿瘤。4 周龄之前雏鸡易感，尤其是刚出壳雏鸡最易感，母鸡开产前后是发病高峰期。

一、剖检病变

肝脏、脾脏肿大，可见灰白色、大小不一的肿瘤。法氏囊有凹凸不平的白色肿瘤。血管瘤造成流血不止。

二、防治措施

本病主要是垂直传播，发病鸡没有治疗价值。加强饲养管理，及时挑病鸡淘汰，最大限度减少损失。鸡苗种源很重要，尽可能从白血病净化种鸡场引进鸡苗。

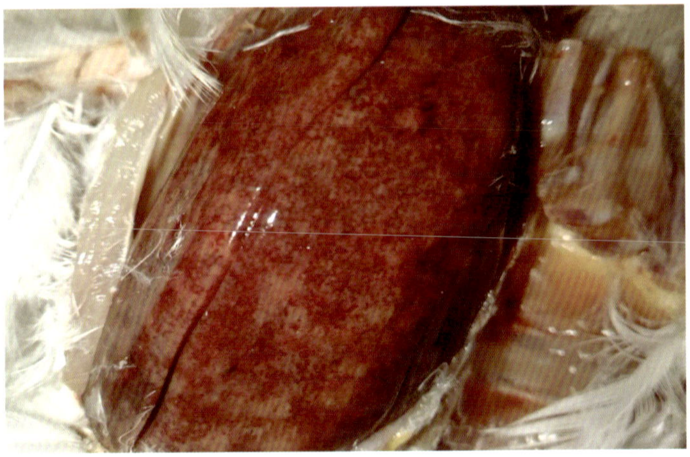

肝脏肿大，有肿瘤结节

胸部易摩擦部位出血，流血不止

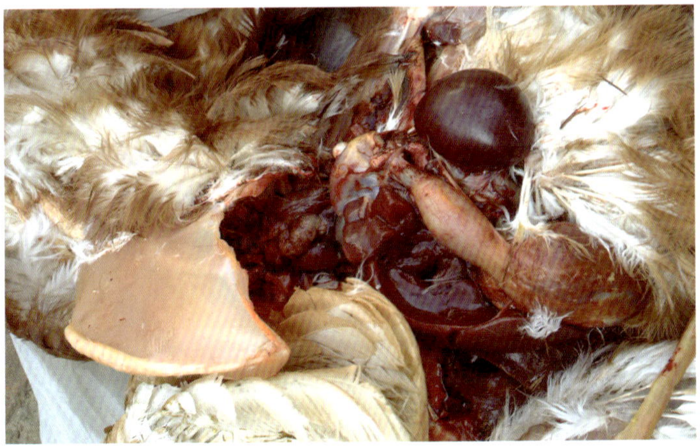

脾脏有肿瘤结节

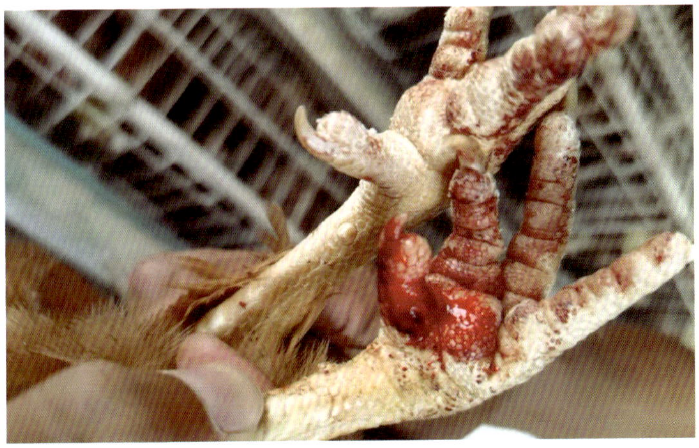

脚趾出血不止，凝固不良

网状内皮增生症

网状内皮增生症是一种肿瘤性传染病，病毒主要侵害病鸡免疫系统，属于免疫抑制性疾病。病鸡主要表现为贫血、生长受阻、消瘦。

一、剖检病变

肝脏、肠道、心脏及其他内脏有肿瘤。肝脏肿大，有纽扣状肿瘤结节。肠道有结节状肿瘤，呈串珠状。肌肉上也会有肿瘤。

二、防治措施

新孵出的雏鸡及胚胎最易感，感染后引起严重的免疫抑制或免疫耐受，易引发其他疾病。育成后期发病率降低。提高机体的抗病力和免疫力，是预防本病的关键。本病无特效药物治疗，平时加强饲养管理和卫生消毒。

肝脏有纽扣状肿瘤结节

肿瘤结节呈散发

包涵体肝炎

包涵体肝炎和安卡拉病都是腺病毒造成的，均有肝脏病变和心包积液。很多人看到心包积液就认为是安卡拉病，这是不科学的，也可能是包涵体肝炎。

腺病毒可以垂直传播，种鸡感染带毒，会直接传给下一代雏鸡，也可以通过消化道、呼吸道黏膜等途径水平传播。20~40 日龄雏鸡感染安卡拉病毒，一般死亡率在 3% 左右。

一、剖检病变

包涵体肝炎在产蛋鸡中比较常见，特点是肝脏肿大，边缘比较钝，发黄，会有出血点、出血斑，最典型的症状是卵泡呈菜花样。

肝脏星状出血斑，伴有心包积液

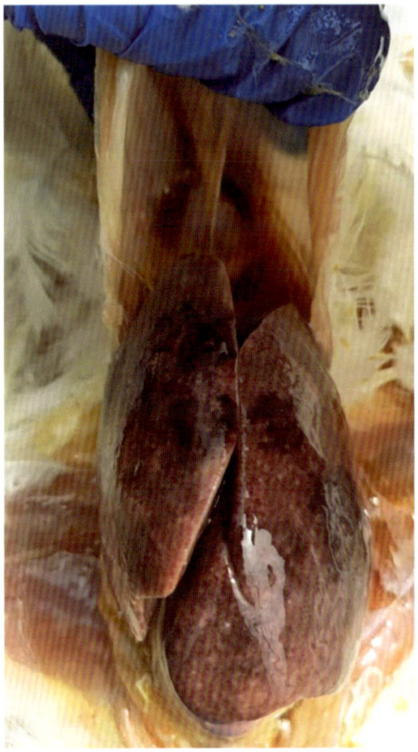

肝脏肿大数倍，边缘比较钝

请注意：肝脏疾病与霉菌毒素有一定的相关性。霉菌毒素在机体内蓄积久了，肝脏的解毒、排毒能力变差，机体免疫力下降，会并发和继发疾病，鸡群的生产性能不能正常发挥，养殖效益下降。

二、防治措施

选择优质的饲料原料，防止霉变；减少管理应激；使用腺病毒疫苗免疫；抗病毒＋保肝解毒＋消炎药物治疗。

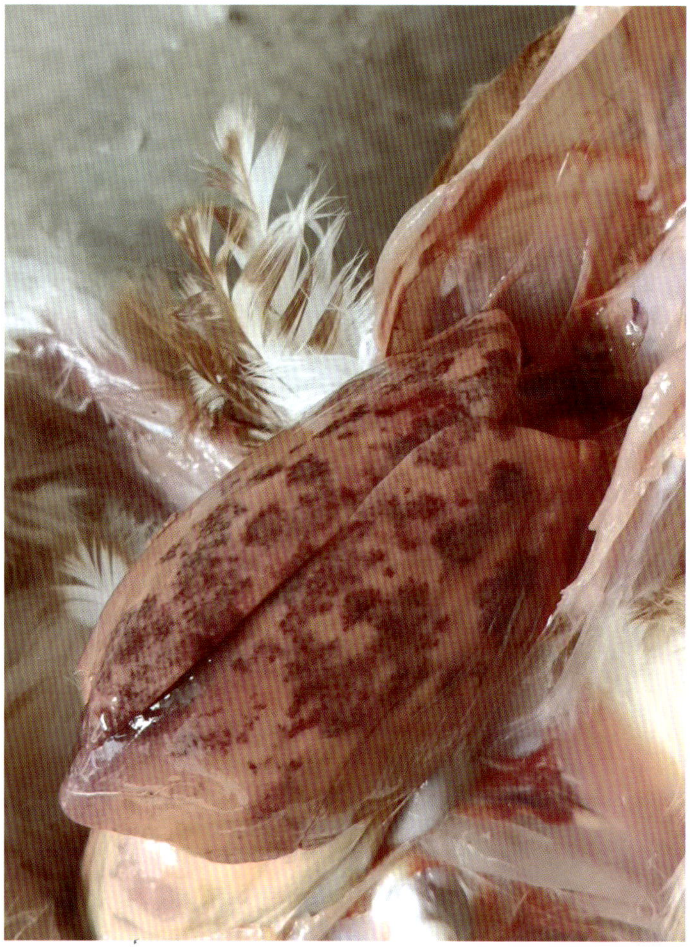

肝脏出血斑

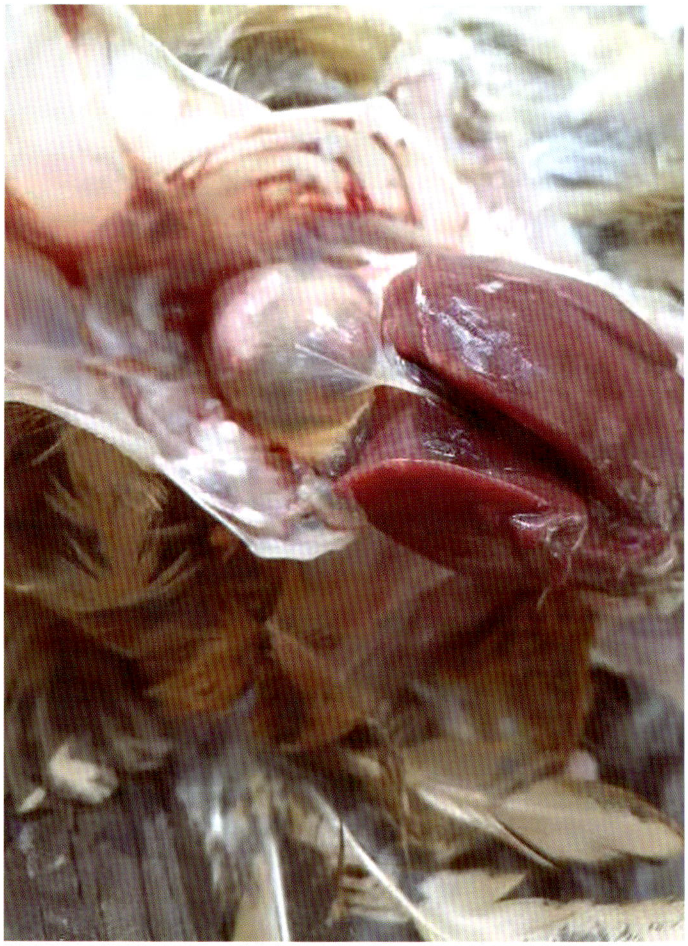

腺病毒导致心包积液

戊型肝炎

戊型肝炎由肝炎病毒引起，造成肝脏肿大、坏死、炎症。

一、剖检病变

肝脏肿大，占满整个腹腔，边缘钝，有坏死灶。脾脏肿大。

二、防治措施

该病通过粪便，经消化道感染。注意鸡舍卫生，防止饲料霉变，减少对肝脏的危害，提高肝功能。可在饲料中添加霉菌毒素抑制药物和保肝护肾药物来预防该病。

提高鸡的免疫力，淘汰病弱鸡。采用抗病毒 + 保肝 + 消炎药物治疗。

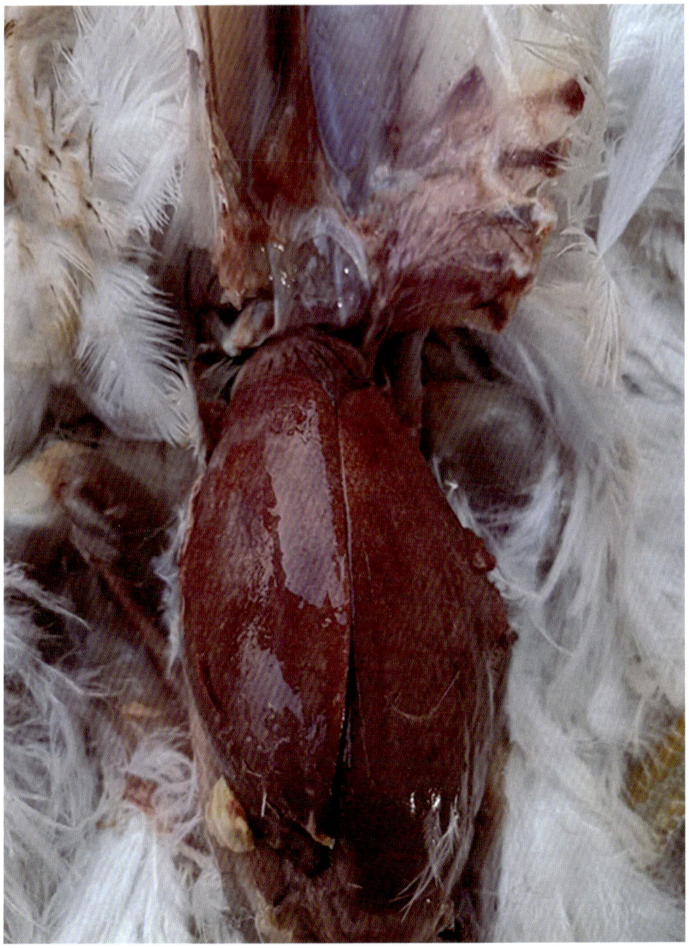

肝脏肿大，占满整个腹腔

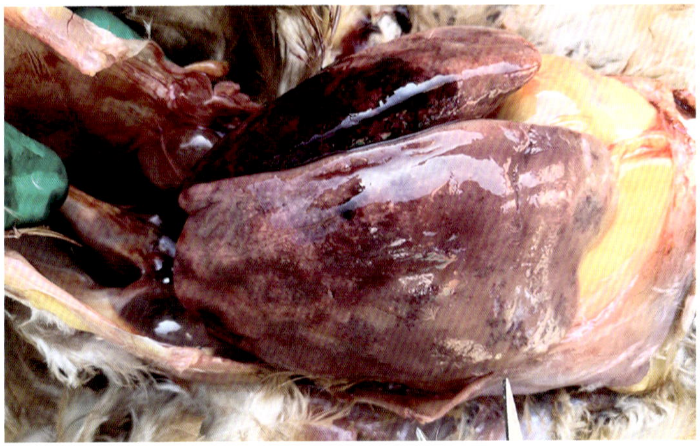

肝脏出血、坏死

脾脏肿大

禽脑脊髓炎

一般禽脑脊髓炎发生在产蛋期，呈一过性。

一、临床症状

成年蛋鸡感染无明显症状，采食量、精神状态、粪便都基本正常，剖检也没有明显病变。临床症状主要是产蛋率突然急剧下降，甚至下降 50% 以上。蛋重会减小，蛋壳的厚度和颜色没有明显变化。一般产蛋率持续下降 10 天左右，然后开始回升，3 周后恢复到原来水平。

该病可垂直传播，如种鸡感染带毒，可致后代雏鸡发病。病鸡主要表现站立不稳、头颈震颤、不愿活动、瘫痪等。

二、防治措施

采取综合性措施，做好鸡场生物安全工作，杜绝病原传入。不从疫区或疫场引进种苗或种蛋，也可以用弱毒苗免疫接种。

鸡群发病与管理应激密切相关，冬天做好鸡舍保温工作，平时多补充维生素，提高鸡群的抗病力。

鸡蛋明显变小

小蛋增多

[细菌病]

XIJUN BING

传染性鼻炎

鸡传染性鼻炎是由副鸡嗜血杆菌引起的急性细菌性传染病。

一、临床症状

本病主要由冷应激引起，以单侧脸肿、流鼻涕、咳嗽为主要症状。病鸡采食量下降，排黄色粪便。鸡感染前 3~5 天流清涕，5 天后鼻涕开始变稠，7~8 天开始结痂。

鸡群感染鼻炎大多与环境条件因素有关，夏天开风机、开湿帘时容易发病。秋天晚上温差大，冬天鸡舍进贼风，鸡群易发病。

如果鸡群接种了鼻炎疫苗，发病呈散发，窗边、门前的鸡先得病，一般都是由于受凉感冒、自身免疫力差而感染。用药后，一部分鸡治好了，另一部分鸡又感染发病了。接种过疫苗的鸡群，发病周期长，治疗难度大。没接种过疫苗的鸡群往往集中发病，5~6 天后全鸡群发病。

病鸡精神沉郁，粘料

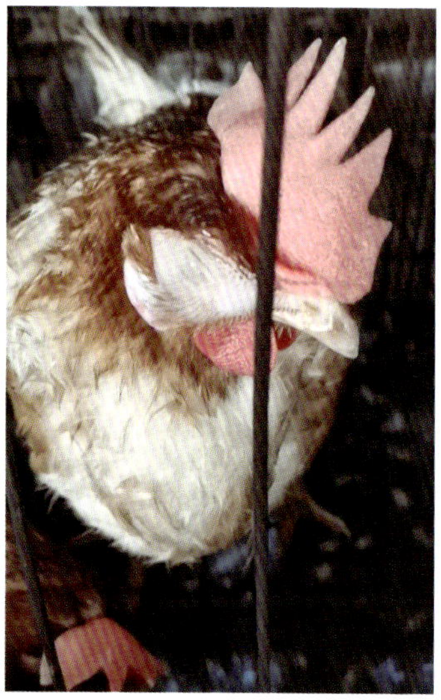
肿脸，流泪，流鼻液

鼻孔结痂

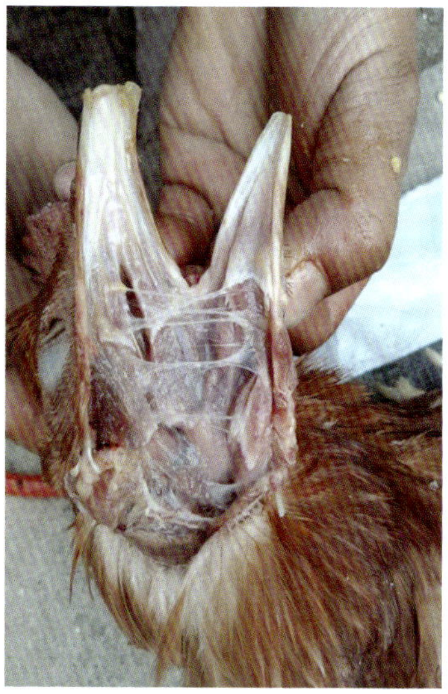
口腔有黏液

二、防治措施

A型和C型二价疫苗或A、B、C型副鸡嗜血杆菌的三价灭活苗，对鸡群的免疫保护效果较好。

鸡舍要注意防寒防湿，通风良好。鸡群不能过分拥挤，搞好鸡舍内外清洁卫生，保持用具干净。注意饲料营养全价，多喂一些富含维生素A的饲料。实行“全进全出”的饲养方式，避免不同日龄的鸡群混养。

一旦鸡群发病，要进行鼻炎疫苗紧急注射，再用药治疗。鸡开产前使用磺胺药治疗，配合使用退热和止咳平喘药物。产蛋期要用无抗的中药治疗，一定要注意防止继发感染。因为鼻炎会引起鸡发热，排黄色稀便，后期发生腹膜炎的概率很大。药物治疗不能清除机体的带菌状态，停药后容易复发。

脸肿，流泪

单侧脸肿

脸肿，流清鼻液

头插于翅膀下

脸肿，精神沉郁

鼻腔有黄色结痂

弧菌性肝炎

鸡弧菌性肝炎，是由弯曲杆菌引起的细菌病。近年来，该病给蛋鸡生产带来很大的损失。

一、剖检病变

体况较好的鸡突然死亡。剖检，肝脏肿大、发黄、质地脆，有大小不等的血囊或出血块，或有星状坏死灶和坏死斑。腹腔内有大量血水。

注意鸡弧菌性肝炎与包涵体肝炎、安卡拉病的鉴别诊断，本病是由细菌引起的。

肝脏肿胀，有出血点

肝脏出血，有坏死斑

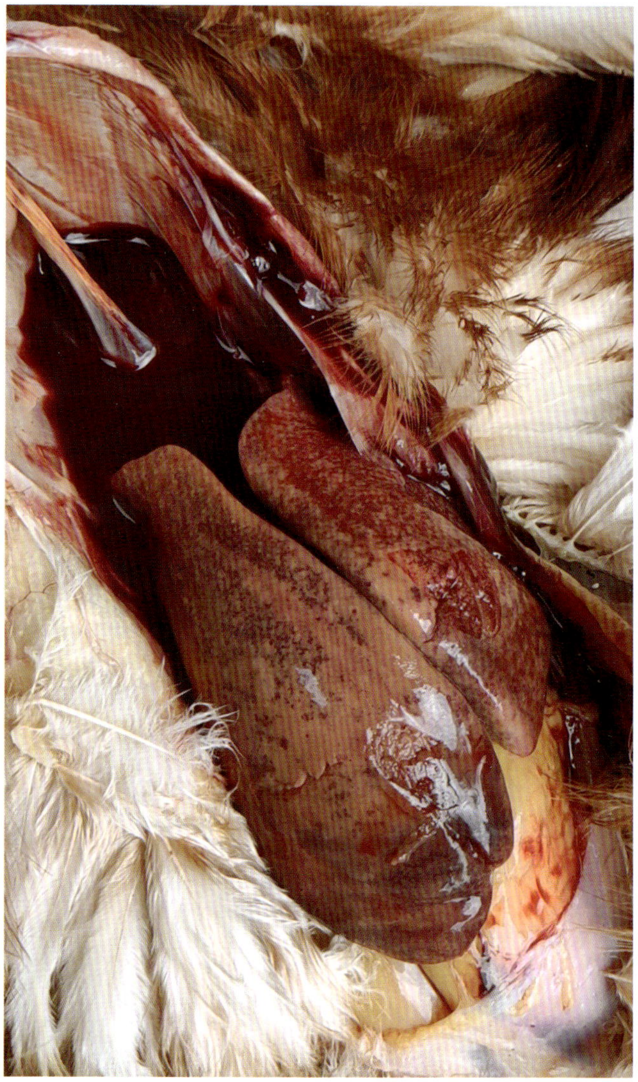

肝脏肿大，有血水

二、防治措施

1. 预防

减少应激，发病期间避免打针、转群。采购质量好的饲料原料，防止霉变。

2. 治疗

甲硝唑与地美硝唑联合应用，使用土霉素或四环素、复方禽菌灵等药物治疗。

腹腔内有大量血水

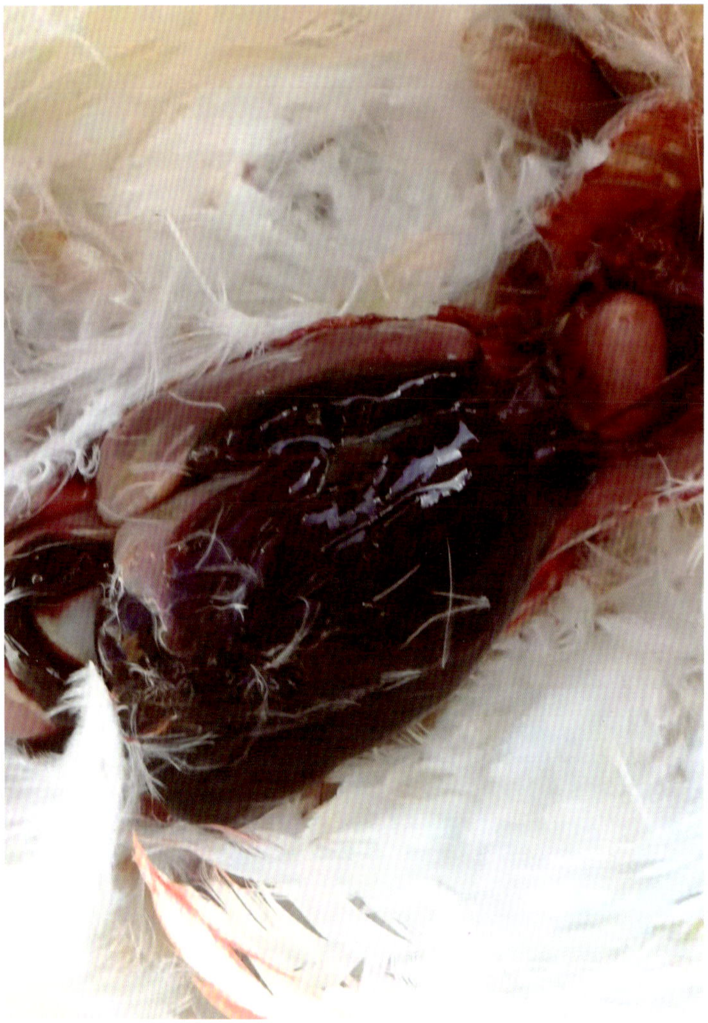

肝脏形成血囊

大肠杆菌病

大肠杆菌在自然界中普遍存在，属于条件性致病菌，饲养管理不当和各种应激因素均可促发本病。

一、传播途径

母源性传播，就是种蛋带菌垂直传给下一代。种蛋本来不带菌，蛋壳上的粪便或者污染物在孵化过程中入侵到种蛋内部而感染。通过饲料、饮水、空气，大肠杆菌可水平传播，经消化道、呼吸道传染。

二、剖检病变

特征性病变是心包炎、肝周炎、气囊炎、腹膜炎等。鸡群患流感、支原体、新城疫、鼻炎等病时，防止大肠杆菌继发感染。

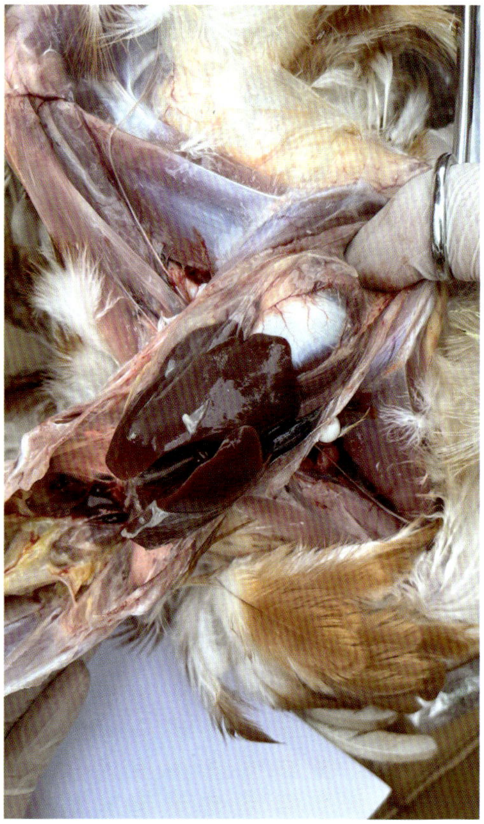

心包炎、肝周炎

肝周炎

肝脏有胶冻物渗出

腹膜炎

三、防治措施

平时注意饮水卫生，饲料营养平衡，鸡舍内通风良好。加强疫苗防疫和环境消毒，可大大降低发病率。

通过药敏试验确定 1~2 种敏感药物，交替或配合使用。

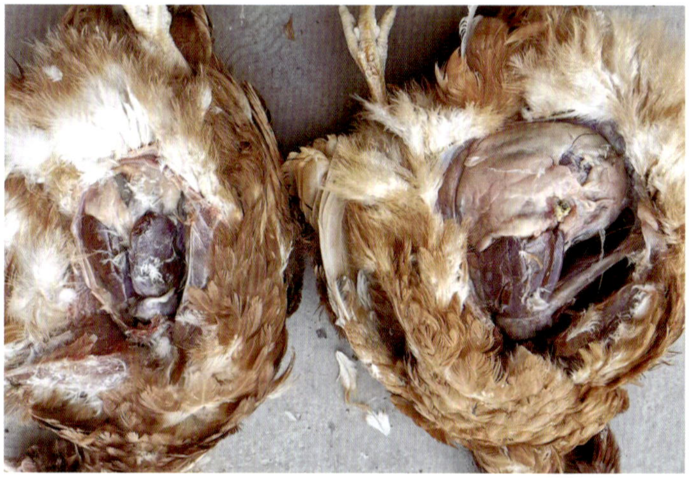

肝脏、心脏有白色纤维素性渗出物

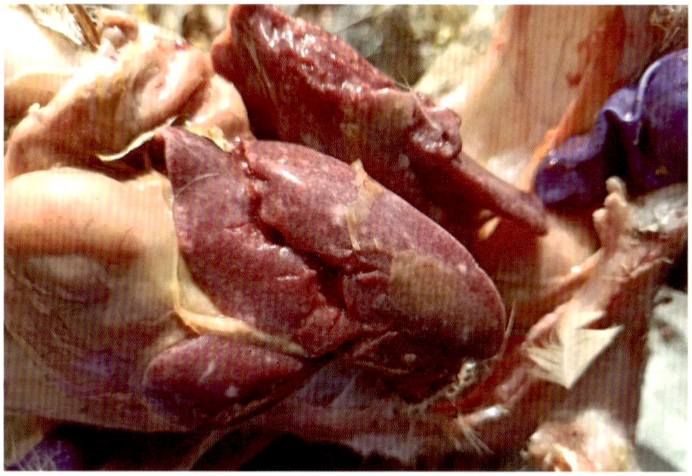

肝脏肿大，易碎

羽毛带便

排白绿色稀便

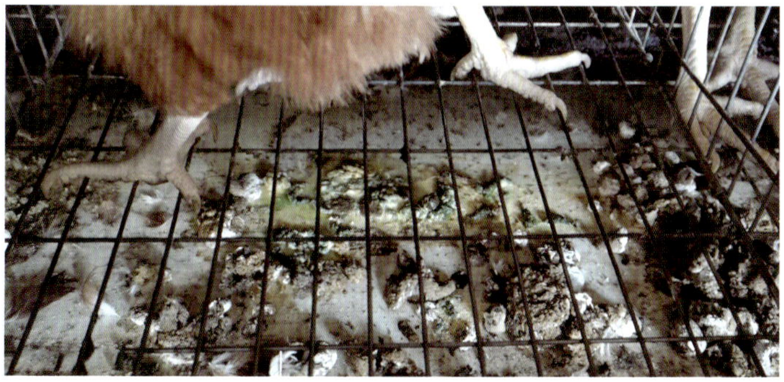

排黄绿色稀便

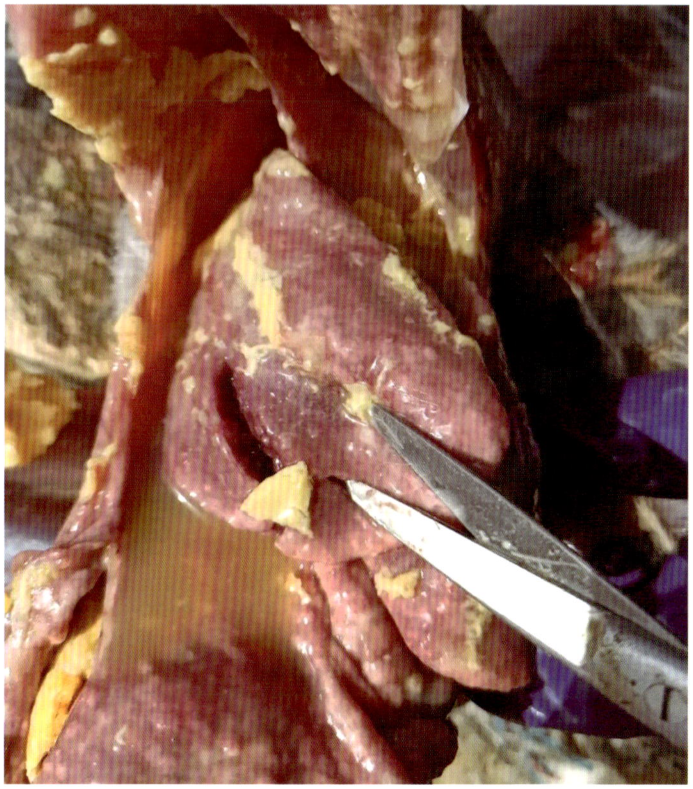

黄色纤维素性渗出物，有腹水

雏鸡卵黄炎

一般雏鸡卵黄会在7天内被吸收，如果卵黄不吸收，发炎、变性都属于卵黄炎。该病主要由大肠杆菌、沙门菌等感染所致，种蛋带菌或被污染。1周龄内雏鸡多发病。本病对鸡后期的生长发育阻碍大，发病率高，死亡率可达10%~40%。孵化温度过低或湿度过高，也会影响蛋黄吸收，导致卵黄炎。

一、临床症状

雏鸡腹部膨大，脐部潮湿或未闭合、结痂。打开雏鸡体腔，可见到未吸收的卵黄，卵黄变性、发臭、变绿色，触之即破。

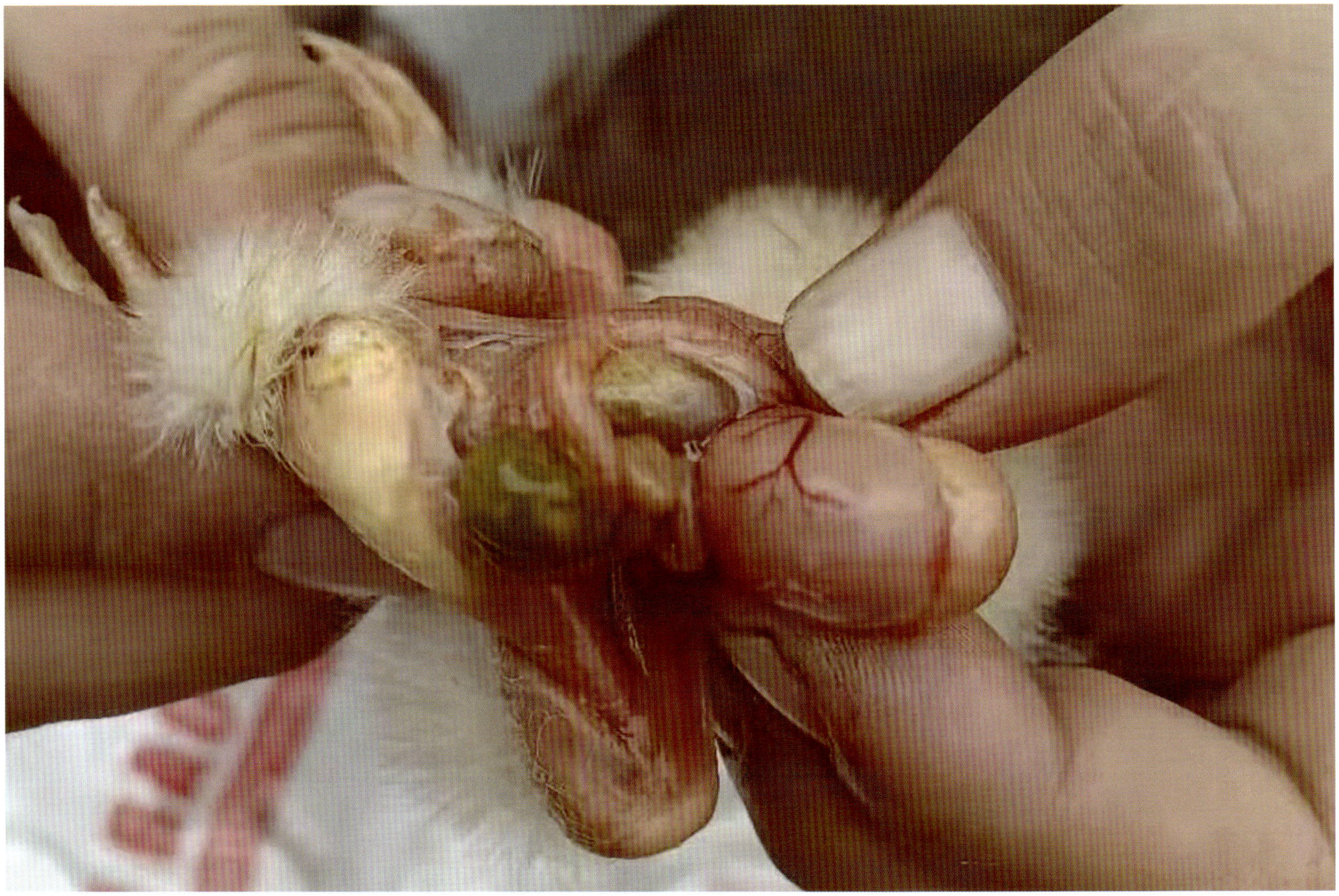

卵黄变绿色，不吸收

通过对种鸡群采取净化、营养、管理和孵化等措施，才能生产出优质健康的鸡苗。多种疾病都能通过种蛋垂直传播，卵黄炎、脐带炎等可影响雏鸡成活率。

二、防治措施

入舍前 3 天湿度越高越好，最好达到 80％ ~85％。入舍第 4~6 天，相对湿度达到 60％ ~65％。1 周后要降低湿度，加强通风换气，预防球虫病。要切记“通风换气是个宝，任何药物替不了”，通风不良乃百病之根源。

入舍前 3 天，小鸡饮水温度控制在 18~21℃，禁用 30℃以上饮水。

“开口药”：尽量选择敏感的、维生素含量高的“开口药”，虽然价格略高，但小鸡用药量少，成本并不高，可以为将来的生长发育奠定良好基础。

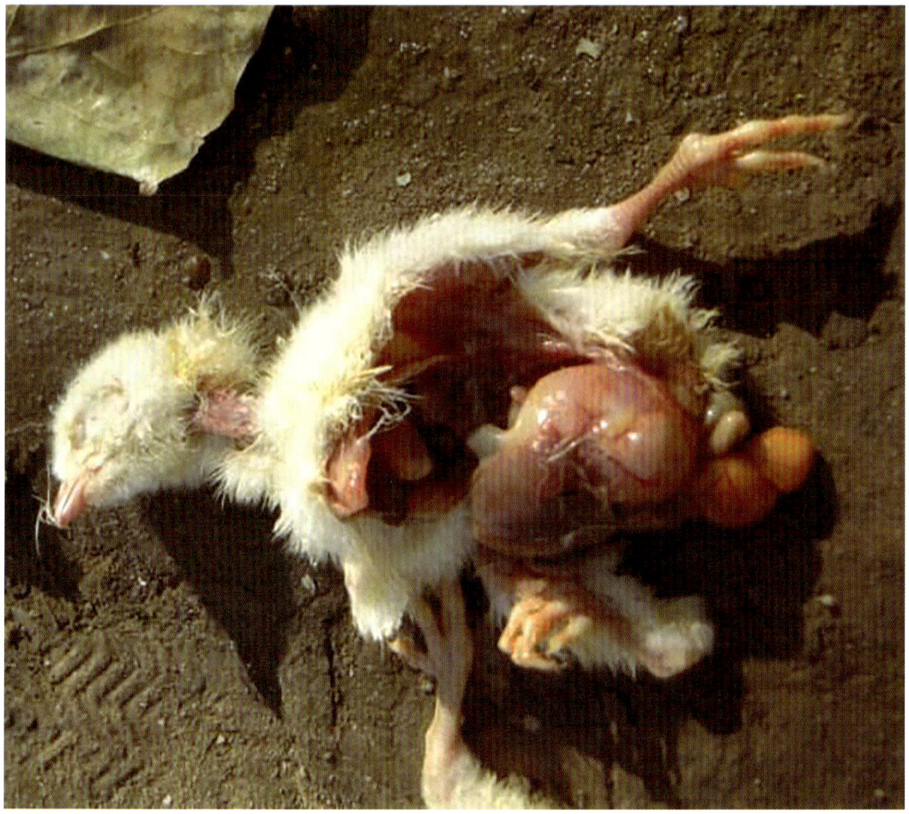

卵黄不吸收

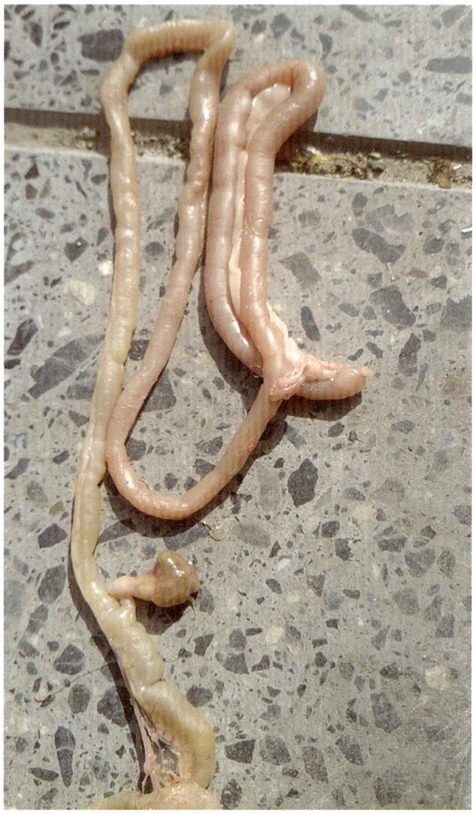

卵黄吸收不全

输卵管炎

鸡输卵管炎是常见病，主要由厌氧菌感染引起。

鸡蛋主要是在输卵管内产生的，蛋鸡每产一枚蛋都会对输卵管造成轻微损伤。如果长期不护理输卵管，就可能造成输卵管炎。

一、临床症状

肛门红肿脱出，鸡蛋上带血或粘有粪便，蛋壳质量下降，畸形蛋、软壳蛋增多。

二、剖检病变

主要是输卵管充血、肿胀。因为泄殖腔和输卵管相通，所以输卵管炎多与肠炎并发。一定要两种炎症兼治，效果才好。

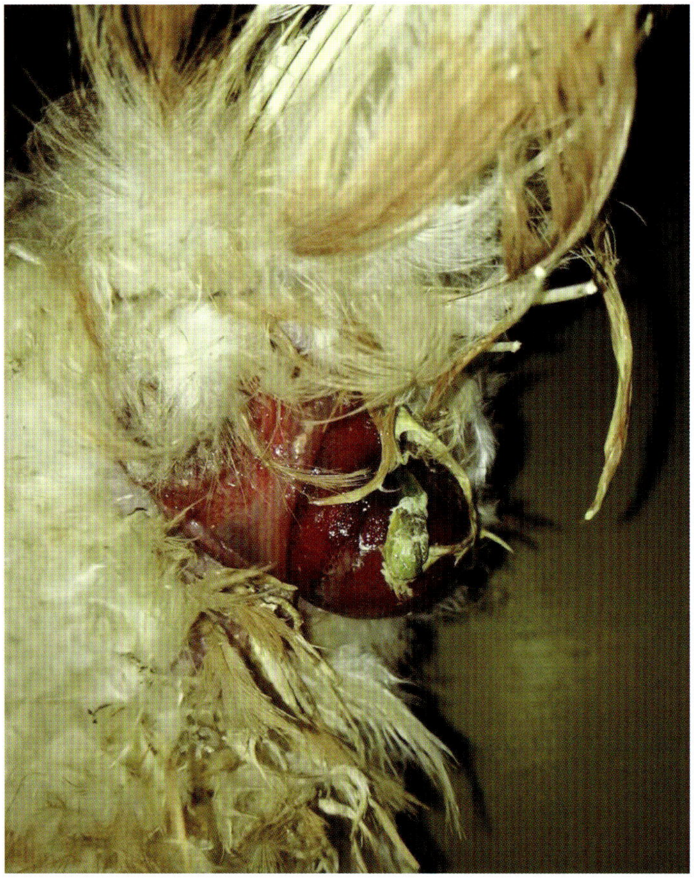

子宫脱出

蛋壳粗糙

蛋壳质量下降，变脆

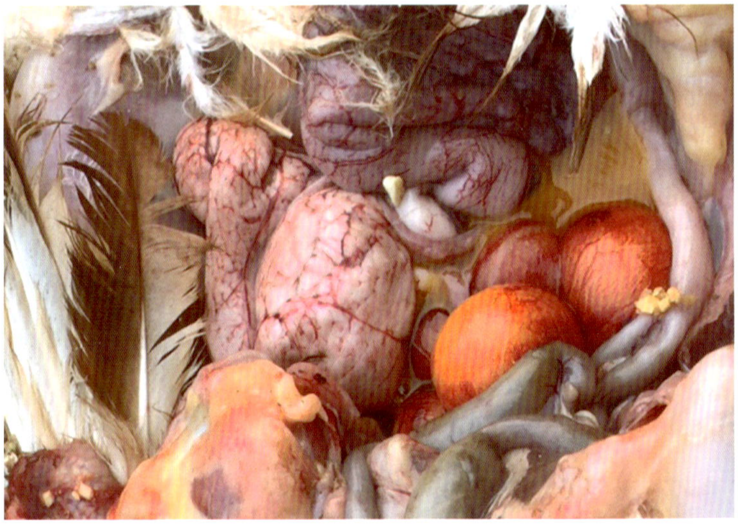
输卵管充血、肿胀

蛋壳有大量色斑

鸡蛋带血

坏死性肠炎

坏死性肠炎由魏氏梭菌引起，也叫肠毒血症。

霉菌毒素造成坏死性肠炎，球虫或寄生虫也会诱发该病。

一、临床症状

鸡群精神状态没有太大变化，机体消瘦，毛色比较差。病鸡体重缓慢下降，产蛋率下降，蛋壳粗糙，出现零星死亡。鸡群整体生产性能受到严重影响。病鸡排黑色便或红褐色便，发黏、发黑。

二、剖检病变

肠道肿胀发黑，肠道内壁出血，附着豆腐渣样内容物；盲肠、十二指肠肿胀、出血严重，有红色黏便。个别鸡肝脾肿胀。

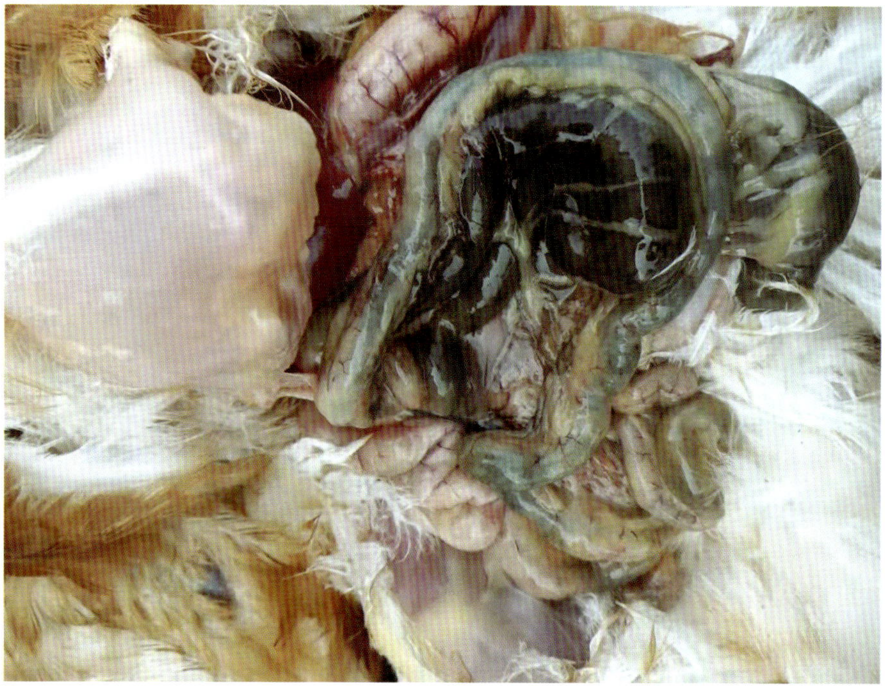

肠道发黑、肿胀

肠道黑褐色内容物

肠道出血

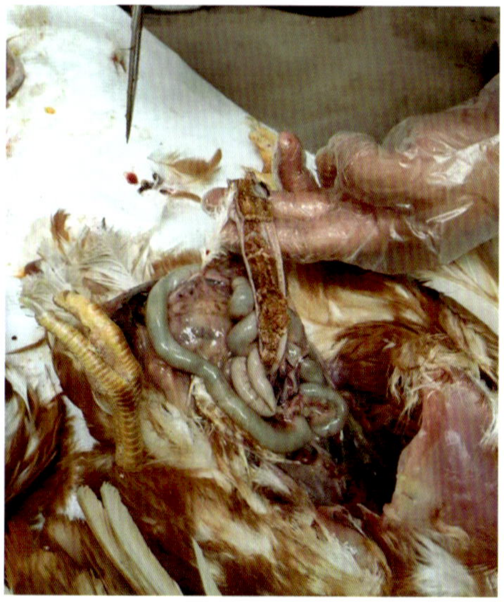

肠道红色内容物

排红、绿、黄色便

肠道肿胀，覆盖假膜

排红色便，含未消化饲料

鸡蛋黏便

肠壁硬化，有豆腐渣样内容物

三、防治措施

在保证鸡舍温、湿度前提下，加强通风换气，降低养殖密度。在饲料中适量添加鱼肝油，增强鸡群抗病力。做好栏舍及周围的清洁消毒工作，对病死鸡进行无害化处理。

青霉素类、新霉素、氟苯尼考、杆菌肽锌等对魏氏梭菌敏感，可选择使用。在治疗坏死性肠炎的同时，要防控球虫病。

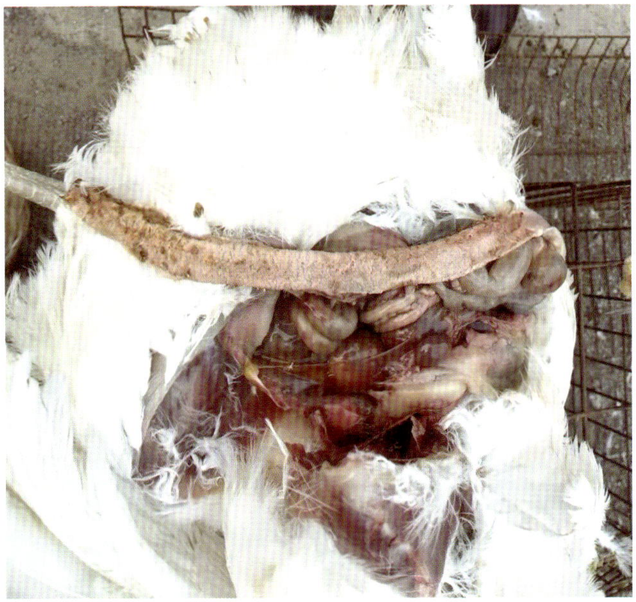
肠黏膜坏死，有豆腐渣样内容物

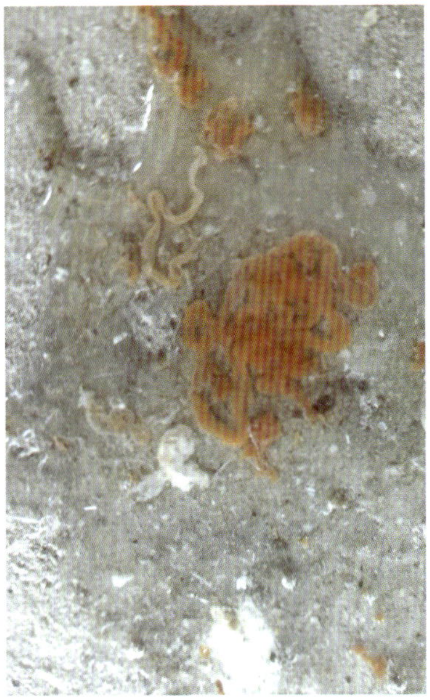
肠黏膜脱落

消化不良，排黑色便

鸡蛋黏便

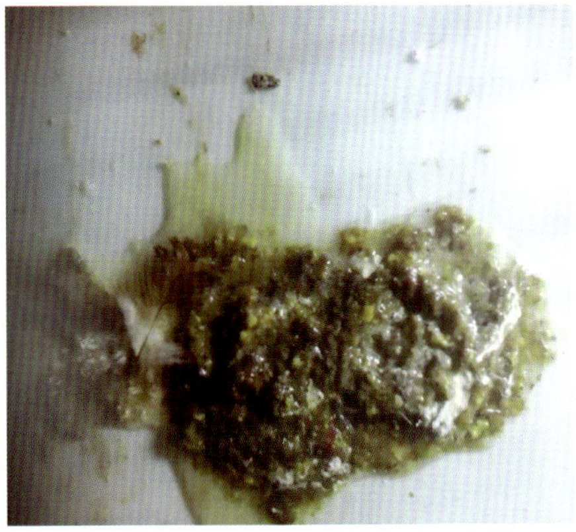
消化不良，排绿色稀便

脏蛋增多

沙门菌病

沙门菌主要经蛋传播，污染的饲料和饮水、交配等也可导致该病的传播。

一、临床症状和剖检病变

沙门菌病分为伤寒、白痢、副伤寒。

1. 伤寒

病鸡精神沉郁，羽毛松乱。剖检，肝脏肿大、出血，呈古铜色，这是伤寒的典型病变。

2. 白痢

雏鸡表现急性败血症状，发病率、死亡率高，通常 2 周龄以内死亡率最高。成年鸡多呈慢性或隐性感染。肝肿大，呈土黄色，可见大小不等的灰色坏死点或条纹状出血。

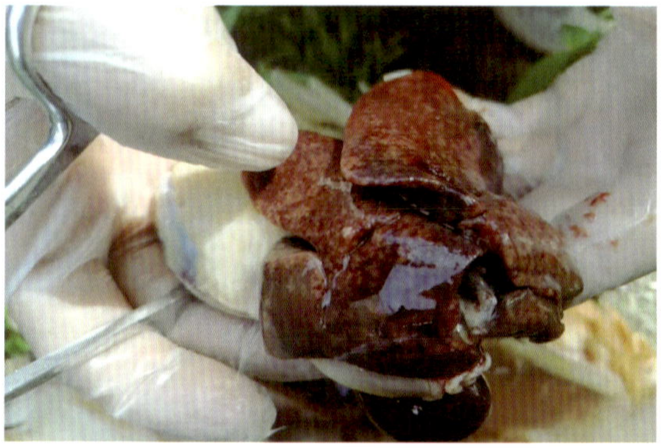

肝脏肿大，有大量灰白色坏死点

肝脏发绿，呈古铜色

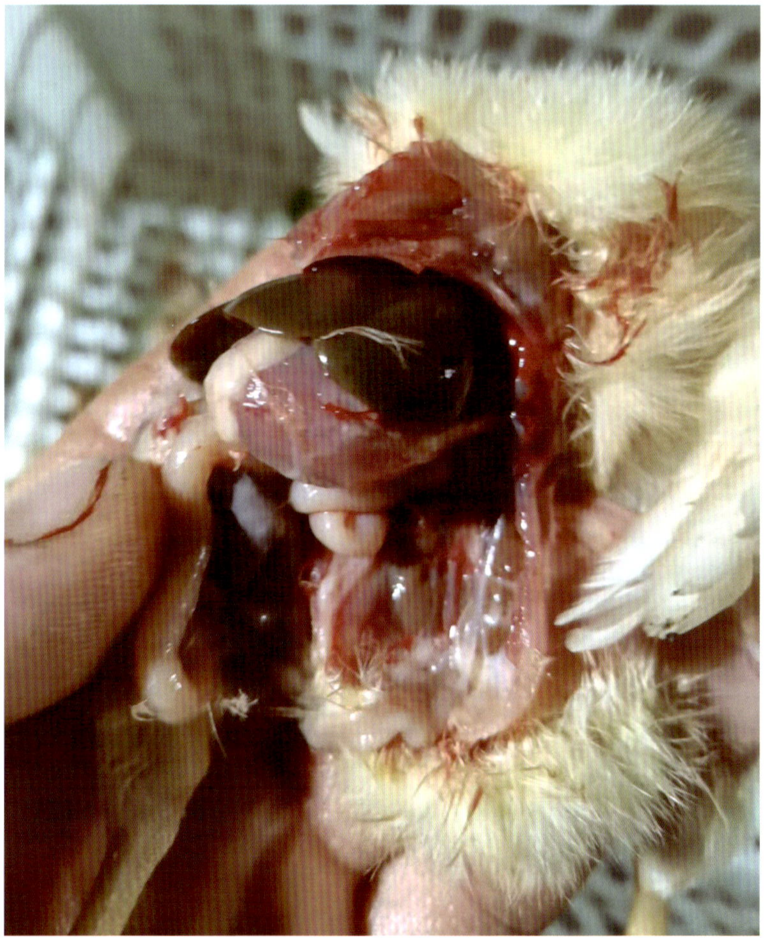

雏鸡古铜色肝

3. 副伤寒

肝脏、脾脏肿大出血，有灰白色的坏死点，心包积液或粘连。盲肠有干酪样栓塞。

二、防治措施

1. 预防

选择健康鸡苗，做好 7 日龄内管理工作，鸡舍温差不要太大。净化水质，加入益生菌，提升鸡肠道健康。提高机体免疫力，尤其是小雏鸡。鸡霉菌毒素中毒会造成免疫力急速下降，死亡率高，所以要防止饲料霉变。另外，淘汰病弱鸡。

2. 治疗

通过药敏试验，选择有效药物治疗。推荐使用第三代喹诺酮类药物（如环丙沙星、加替沙星等）或第三代头孢菌素（如头孢噻肟、头孢哌酮、头孢他啶等）。

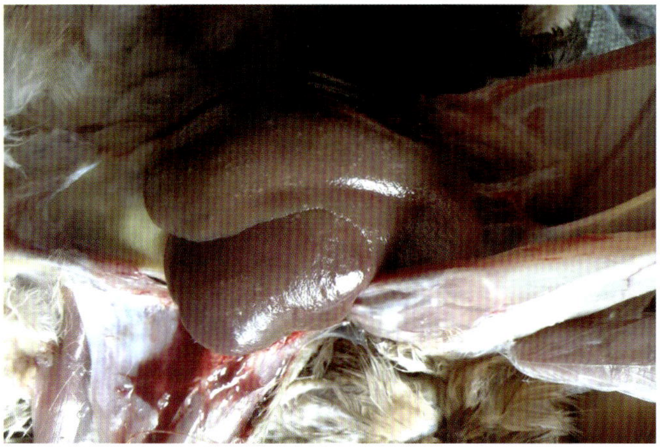

肝脏上灰白色坏死点

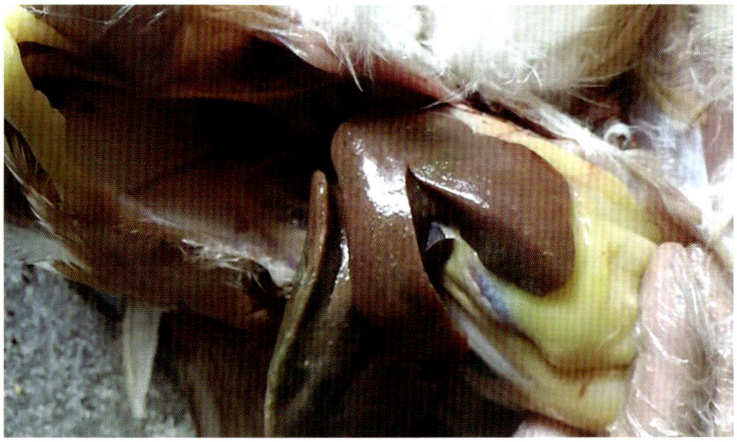

肝脏灰白色坏死灶

糊肛，脐炎

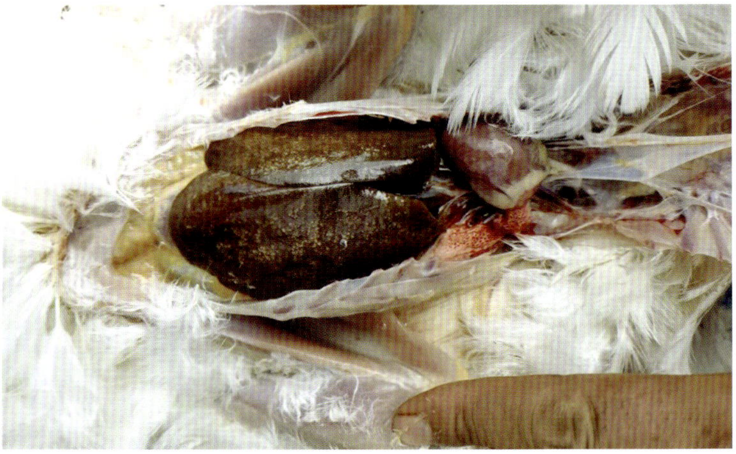

肝脏肿大，有大量灰白色坏死点

支原体病

鸡支原体病分为败血支原体病和滑液囊支原体病，可垂直和水平传播。

一、临床症状和剖检病变

1. 败血支原体病

主要发生在饲养条件差、密度大的鸡场，鸡群主要表现呼吸道症状，咳嗽和呼吸困难，可听到呼吸啰音。后期鼻腔和眶下窦蓄积渗出物，眼睑肿胀、流泪，内有黄白色渗出物。环境差、养殖密度大、应激大时病情加重，通风好、养殖密度小、用药及时发病轻。

2. 滑液囊支原体病

主要症状是肘关节肿胀，剖检可见白色或黄色渗出物。病鸡陆续瘫痪、生长不良，龙骨变形，附着黄色干酪样物等，最终会出现开产晚、上高峰期慢。近年来，海蓝蛋鸡多发病，其他品种蛋鸡发病也呈增加趋势。

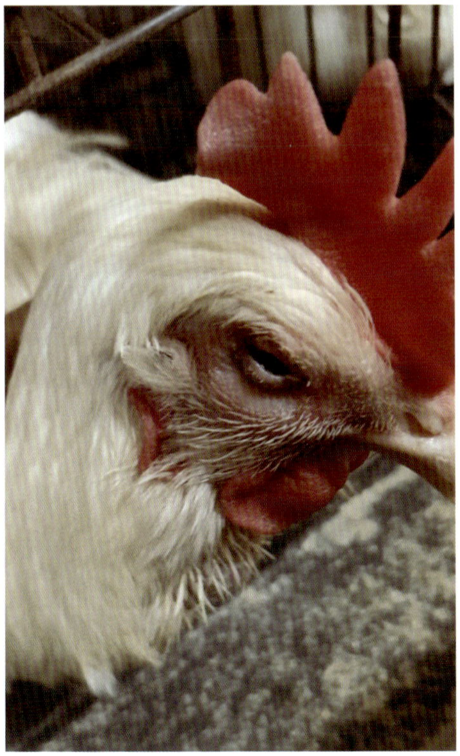

眶下窦肿胀

关节肿胀溃烂

龙骨囊肿

二、防治措施

建议选用进口疫苗免疫。据调查统计，好的疫苗保护率能达到70%~80%。免疫鸡群还要结合药物防治，用药和疫苗免疫要有间隔期。鸡7日龄免疫，就10日龄用药；鸡10日龄免疫，用药时间往后推。在鸡7~10日龄和40~50日龄加强免疫，再用药物预防。鸡80日龄进行第三次药物预防。这样在鸡开产前，就能起到很好的预防作用。

选择可靠场家的健康鸡苗。

提升管理水平，保证饲料营养全面，不发生霉变。

定期给鸡群使用提高机体免疫力的产品。

用药物净化鸡群，泰乐菌素、泰妙菌素和泰万菌素等都是对支原体高度敏感的药物。

脸部肿胀，流泪

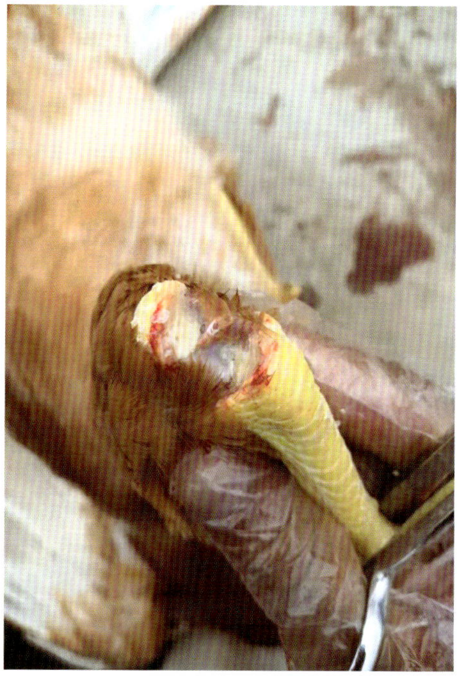

关节内有渗出物

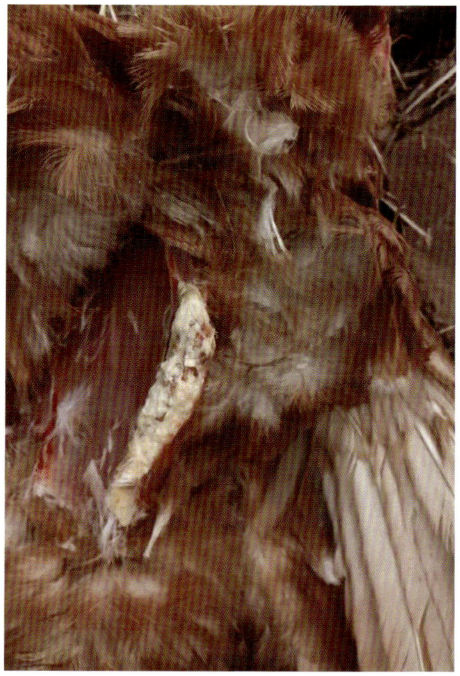

龙骨变形，有黄色渗出物

脚趾肿胀

鸡眼有黄色渗出物

整个脸部肿胀，似猫头鹰

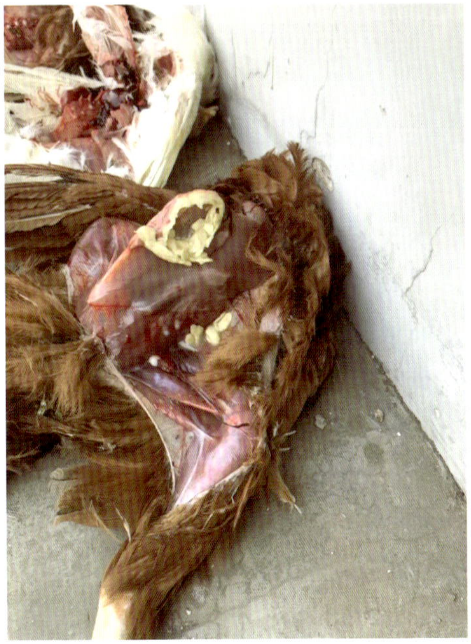

龙骨有大量黄色渗出物

眶下窦肿胀

病鸡趴在笼子里，发育不良

眼睛流泪

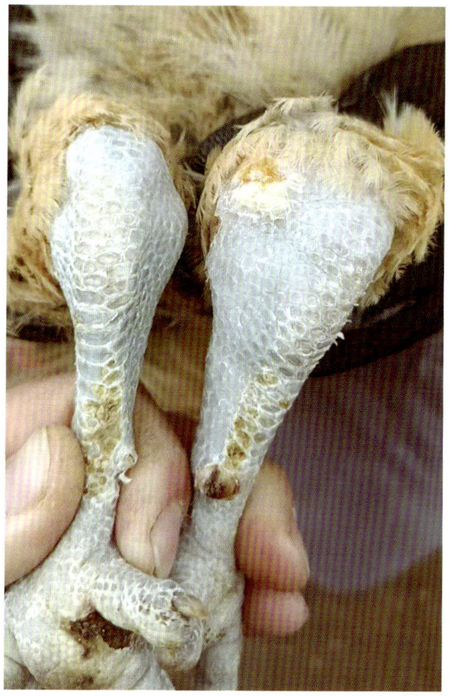

关节肿胀（左为正常）

脚趾关节肿大

[寄生虫病]

JISHENGCHONG BING

住白细胞原虫病

鸡住白细胞原虫病又称白冠病，是一种以贫血为主要特征的寄生虫病。该病在我国南方地区多发于 4~10 月，北方地区多发于 7~9 月。

一、临床症状和剖检病变

鸡冠子发白，贫血；胸肌、腿肌有明显的芝麻大小出血点；肝、脾肿大且质脆，各内脏器官上均可见出血点或白色结节。近年来该病较少发生。

二、防治措施

预防该病主要是消杀库蠓等吸血昆虫，鸡舍安装纱窗，清除鸡场周边的杂草。

鸡开产前发病，使用磺胺药治疗；鸡开产后发病，淘汰病鸡，使用中药等无抗产品治疗。

鸡冠发白，呈倒冠

输卵管有出血点

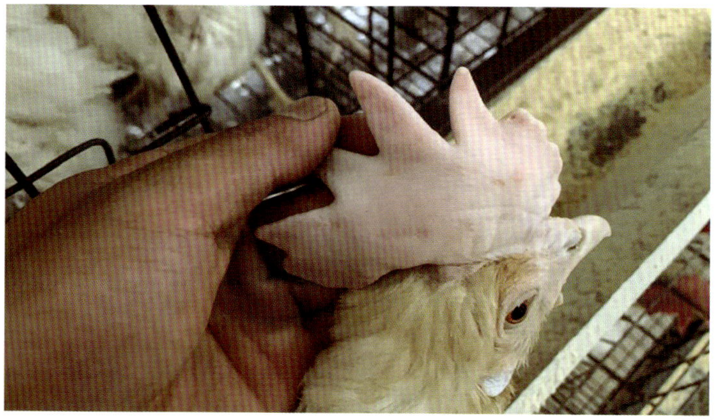

鸡冠发白，贫血

肠系膜、肠道表面有出血点和白色结节

前殖吸虫病

该病以产软皮蛋为主要症状。剖检，输卵管内有小米粒大小的虫体。距离池塘边的鸡场一定要注意夏季是前殖吸虫的高发期，如果池塘边的蜻蜓飞到鸡舍里面，被鸡吃了，就可能感染前殖吸虫，所以夏季鸡舍要及时安装纱窗。鸡粪中也可能含有前殖吸虫幼虫，一定要及时清理鸡粪。

前殖吸虫和生殖型传染性支气管炎的鉴别诊断。前殖吸虫病发生率很低，主要集中在夏季，池塘边的鸡场多发。生殖型传染性支气管炎一年四季都发生，发病率高。前殖吸虫病使用驱虫药有效，生殖型传染性支气管炎使用驱虫药无效。前殖吸虫病鸡子宫部有大量的虫体，生殖型传染性支气管炎子宫部有钙沉积。

病鸡产软蛋

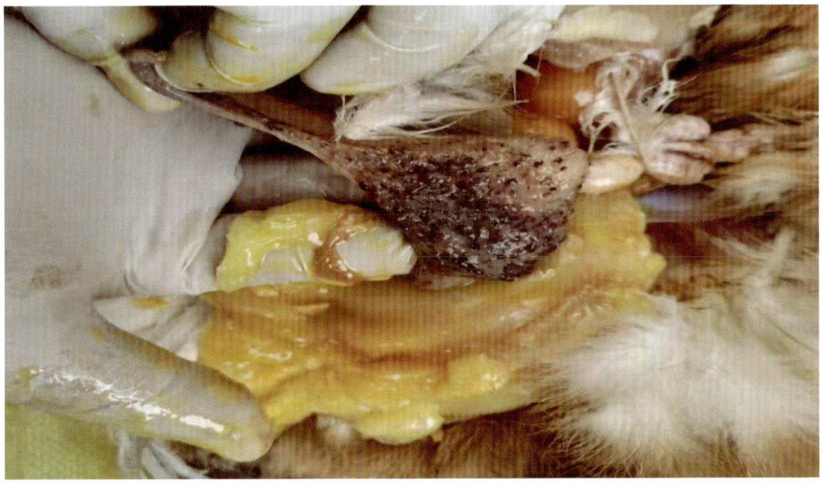

输卵管内的虫体

大量软皮蛋

球虫病

球虫主要分为盲肠球虫和小肠球虫两种。盲肠球虫病主要症状以排血便为主，盲肠内充满了血液，育雏和育成鸡多发，产蛋鸡发病率低。近年来，小肠球虫发生率高，以排西红柿样便为主要症状，小肠壁有针尖大小的出血点。并发肠炎，鸡排过料便；并发腺肌胃炎，机体重不达标、产蛋期延迟。小肠球虫病会造成免疫抑制，抗体水平普遍不高，所以一定要重视。平时降低鸡舍湿度，选用优质饲料原料，减少霉变。霉菌毒素是小肠球虫病的最大诱因，霉菌毒素侵害肠道后损伤肠道黏膜，有利于球虫繁殖。定期清理水线，去除生物膜。球虫药配合肠炎药同时使用。

小肠肿胀，有大量出血点，内有血液

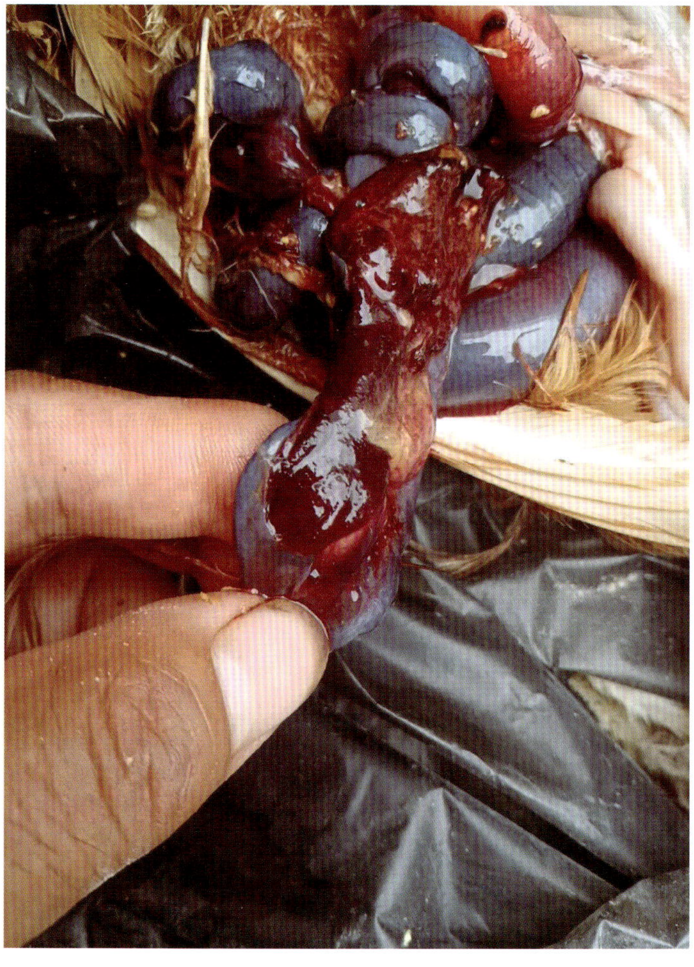

盲肠内充满血液

小肠点状出血

排西红柿样便

排血便

消化不良，排过料便

红色便中混有未消化饲料

绦虫病

鸡绦虫的传播媒介是苍蝇，所以鸡绦虫病夏季多发。蛋鸡感染绦虫初期采食量会增加，随着病情加重，鸡表现轻微精神沉郁，鸡冠发白，呈倒冠；产蛋率和蛋重下降，蛋壳颜色变浅；排稀便或过料便，可见小米粒大小的白色绦虫卵。

夏季注意杀灭苍蝇和安好窗纱，定期驱虫。

鸡开产前使用吡喹酮治疗，开产后使用无抗中药产品治疗。

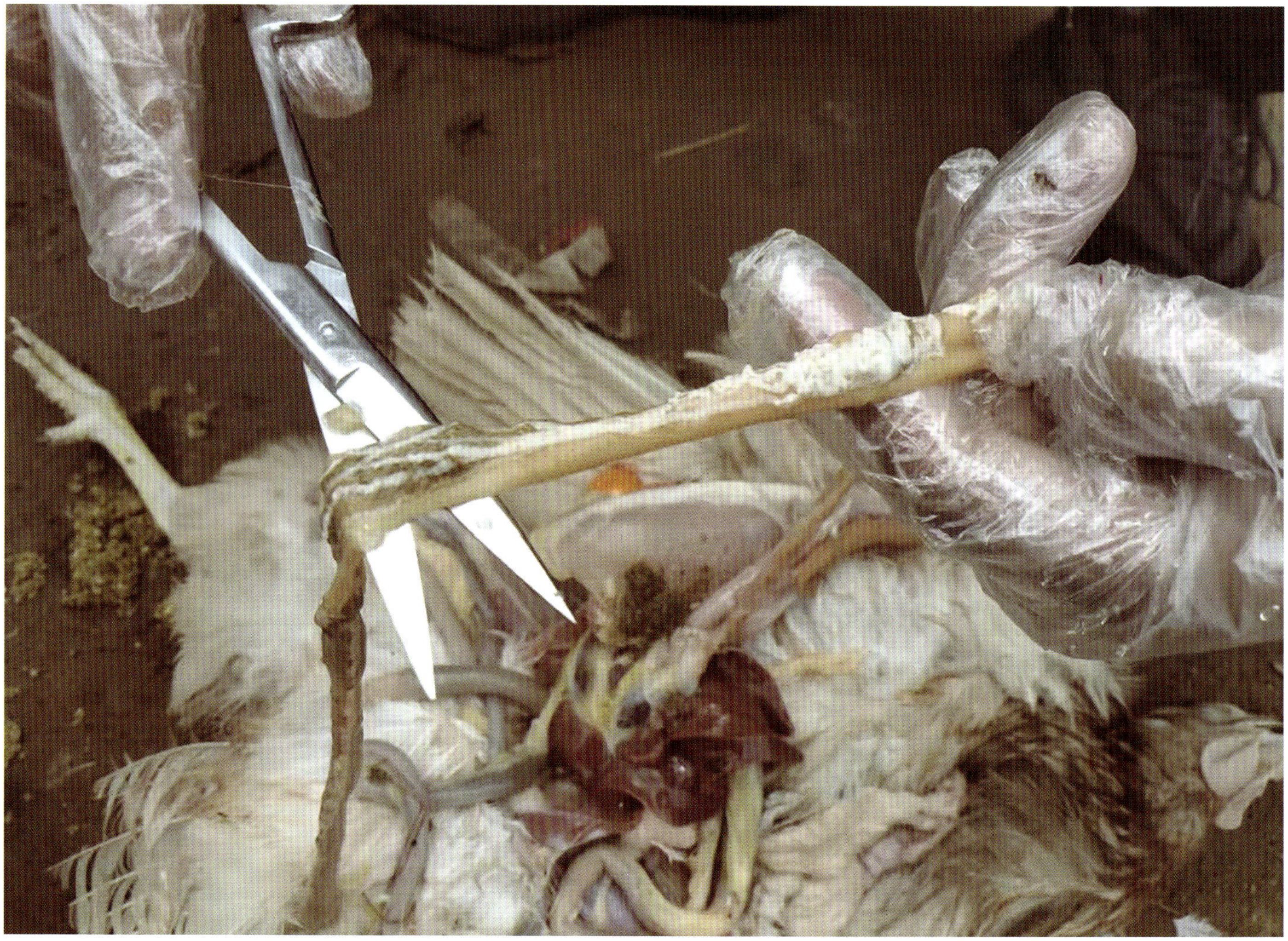

大量呈分节状的绦虫

肠道内有大量绦虫

粪便中有虫卵

排红色便或过料便

羽虱病

鸡羽虱病一年四季均可发生，尤其是春冬季多发，主要通过直接接触或者用具传播。鸡羽虱除寄生在机体表外，还存在于蛋壳，水线和乳头的结合处，料槽外部及侧面，鸡笼隐蔽处。鸡羽虱引起鸡群瘙痒不安、啄羽，造成羽毛脱落及皮炎；皮肤上有小结节或小出血点；影响鸡群的产蛋性能和营养吸收。雏鸡感染后生长发育迟滞、消瘦，甚至死亡。

对鸡舍内外的地面、墙壁、门窗、用具等环境彻底消毒。

用灭虱药物对鸡全身喷洒，可有效控制羽虱的繁殖生长。

机体上的羽虱

鸡蛋上的羽虱

水线、笼具上的羽虱

螨虫病

螨虫主要寄生在鸡羽毛和皮肤上，一年四季均有可能发生。蛋鸡感染螨虫会引起瘙痒不安，常自啄羽毛，导致羽毛脱落。鸡冠发白贫血，产蛋率下降、蛋壳颜色变浅，机体消瘦、营养缺乏，出现贫血症状。

控制鸡舍环境卫生，及时清除鸡粪。鸡场饲养环境用灭虱药物直接喷雾，对所有鸡只进行逆羽毛彻底喷雾，将鸡身各处羽毛都喷至微湿，对肛门、大腿两侧等部位多喷雾。对鸡舍周围环境，包括地面、笼具、网架、天花等全面喷雾，以杀灭螨虫。

粪便上布满螨虫

螨虫藏于石块下

鸡羽毛上爬满螨虫

组织滴虫病

组织滴虫病又叫盲肠肝炎或黑头病，由组织滴虫寄生于盲肠和肝脏而引起。剖检，肝脏上有明显的纽扣状坏死灶，盲肠有香肠样硬内容物，肠道有白色豆腐渣样内容物。散养鸡群容易感染，笼养蛋鸡也有发生。因为组织滴虫寄生在异刺线虫体内，蚯蚓和垫料中的甲壳虫是异刺线虫的主要传播媒介。

改地面养殖为笼养，使用清洁消毒的垫料，定期给鸡群驱虫，可有效预防该病。对发病鸡群可用地美硝唑、甲硝唑治疗，但产蛋期禁用。

肝脏纽扣状坏死灶

盲肠有豆腐渣样内容物

肝脏上有黄白色坏死灶

蛔虫病

鸡肠道内有大量蛔虫时会影响生长发育，羽毛松乱，消瘦，贫血，在粪便中常见蛔虫。剖检，可见肠管内有大量蛔虫，拧成绳状。

在鸡育成期（60 日龄）和预产期（120 日龄）各驱虫一次，驱虫药选用左旋咪唑和阿苯达唑，早上一次性投喂。

粪便中蛔虫虫体

[营养缺乏症]

YINGYANG QUEFA ZHENG

维生素缺乏症

维生素A缺乏会引起食管、气管黏膜的完整性破坏；病鸡眼睛常流泪和眼睑粘连，导致夜盲症、干眼症。

维生素 D_3 缺乏会导致鸡啄羽，严重者尾部皮肤被啄破。维生素 D_3 缺乏会影响钙磷吸收，导致脚软、喙软。

烟酸、生物素、泛酸缺乏，会造成鸡趾间和脚底部干裂出血。

维生素缺乏，主要是饲料维生素含量不足，或因鸡患肠道疾病影响了维生素吸收。饲料或饮水中添加相应的维生素或复合维生素；如鸡患有肠道疾病，先治疗肠炎，再补充维生素。

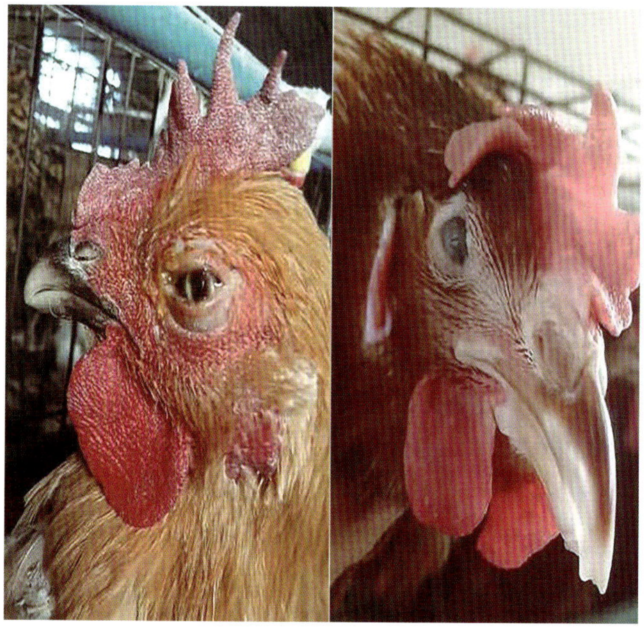

维生素A缺乏，病鸡流泪、眼睑粘连

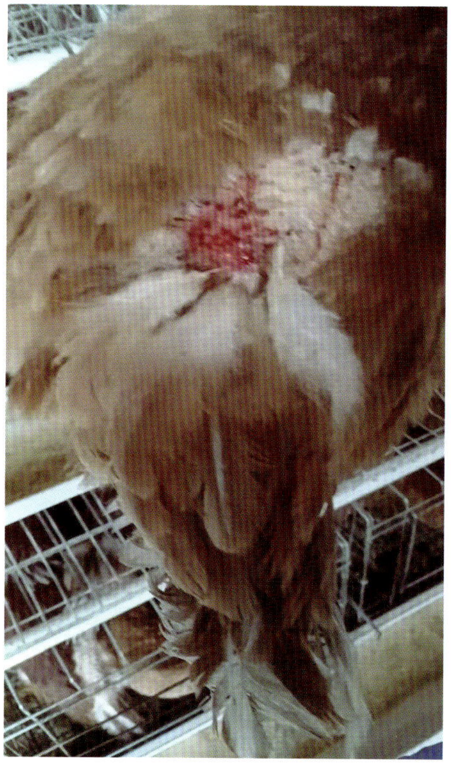

维生素 D_3 缺乏，导致啄羽

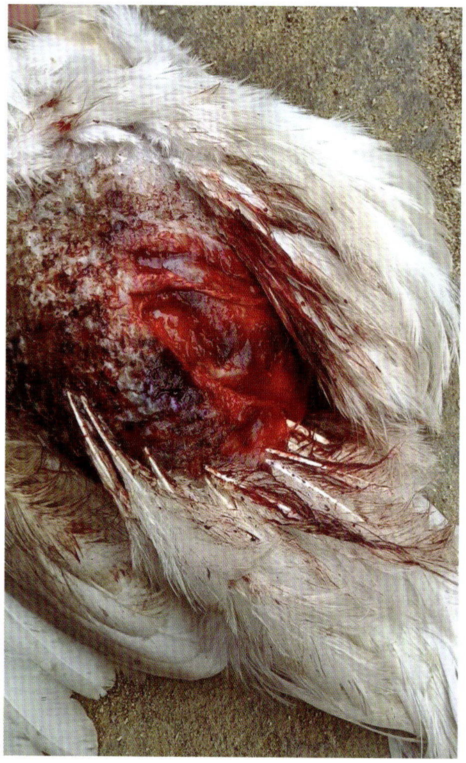

维生素 D_3 缺乏，皮肤被啄破

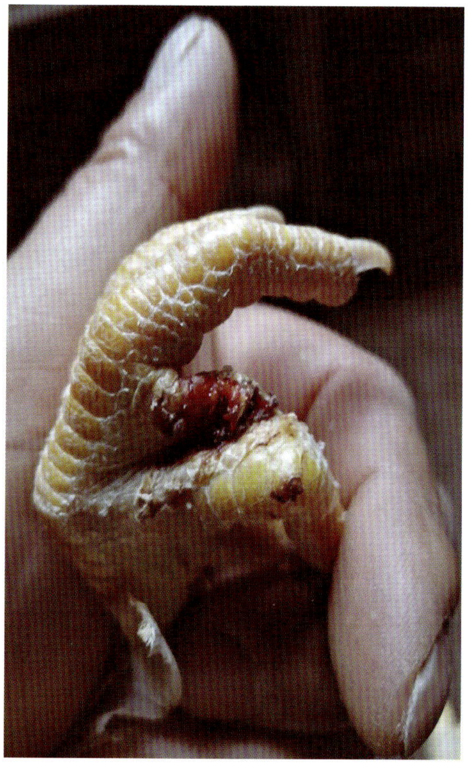

烟酸、生物素缺乏，趾间干裂出血

钙磷缺乏症

由于饲料中钙磷不足或钙磷比例不平衡，导致蛋壳薄，破损率高。饲料中磷含量不足，会影响钙的吸收利用。钙的来源多样化，磷的来源相对单一。鸡患肠道疾病，影响钙磷吸收时，饲料中添加适量的磷酸氢钙和石粉，同时添加鱼肝油或益生素类产品，可有效防治钙磷缺乏症。

蛋壳薄，破损率高

蛋壳质量下降

氨基酸缺乏症

蛋氨酸是蛋鸡的第一限制性氨基酸。蛋氨酸缺乏会导致体内蛋白质合成受阻，引起羽毛蓬乱、脱毛、蛋重减小、产蛋率低等。大部分脱毛集中在鸡背部和颈部，可在饲料中补充添加蛋氨酸。

一、氨基酸缺乏主要原因

饲料本身的氨基酸缺乏或不平衡，鸡患肠道炎症，降低了对氨基酸的消化和吸收率。鸡群长期缺乏氨基酸会造成营养不良，导致机体免疫力下降和影响产蛋性能。

氨基酸缺乏，造成鸡羽毛蓬乱

鸡颈处脱毛

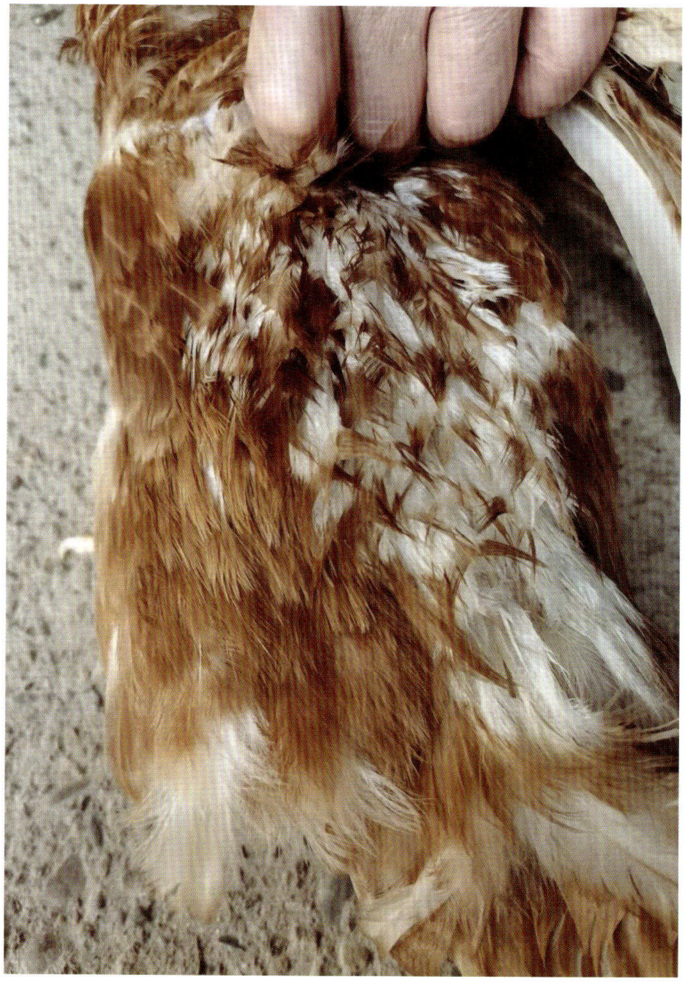

鸡背部羽毛脱落

二、鸡脱毛原因

饲料中蛋白质水平降低、氨基酸不平衡；肠道消化率低，患有球虫、肠炎等肠道疾病；患有寄生虫病、皮炎等；体内雌激素分泌少；霉菌毒素中毒；长期饮水不足；鸡品种因素。一旦发现鸡脱毛严重，要及时对症治疗。

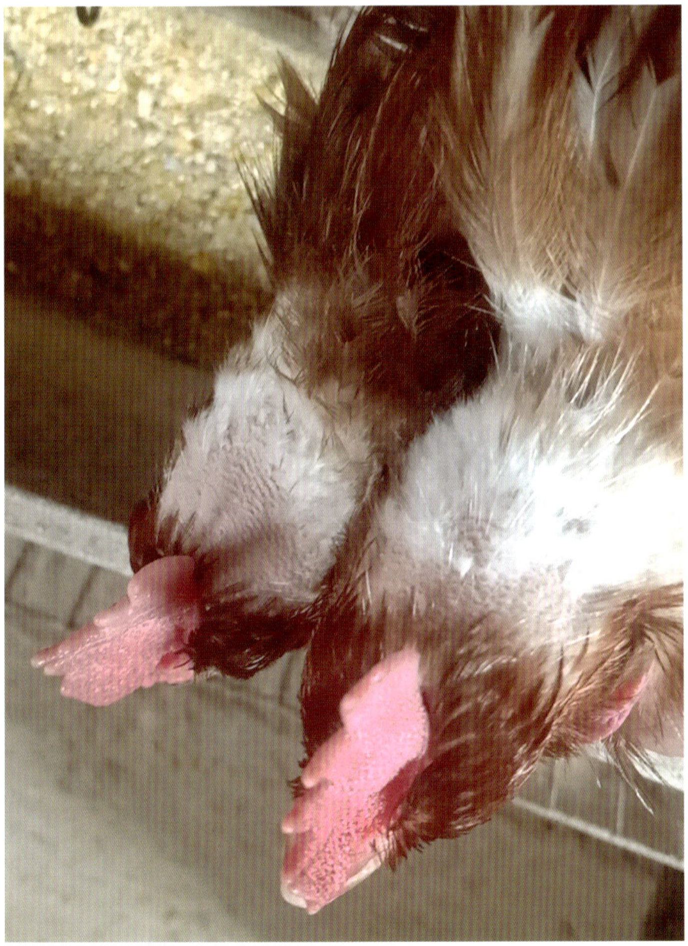

鸡头部脱毛

鸡羽毛松乱

[新陈代谢病]

XINCHENDAIXIE BING

“新母鸡”病

“新母鸡”病夏季最为常见，尤其是在产蛋爬坡期和高峰期鸡群容易发病。

一、临床症状

该病多发生在产蛋 20%~80% 爬坡期。非标准化、小规模鸡场发病较多。凌晨死鸡，死亡鸡只体重大，鸡冠尖发紫，冠根发白，肛门外翻，两腿往后伸。剖检，典型病变是肝脏发黄，附着血块，类似于脂肪肝，肛门部有一个硬壳蛋或软壳蛋。

病鸡瘫痪

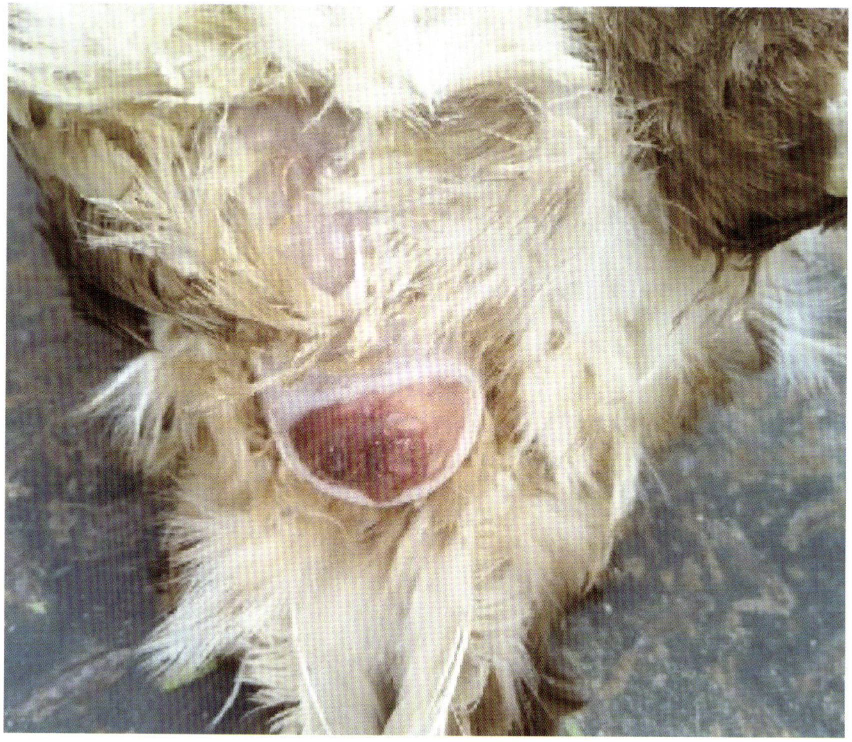

肛门外翻

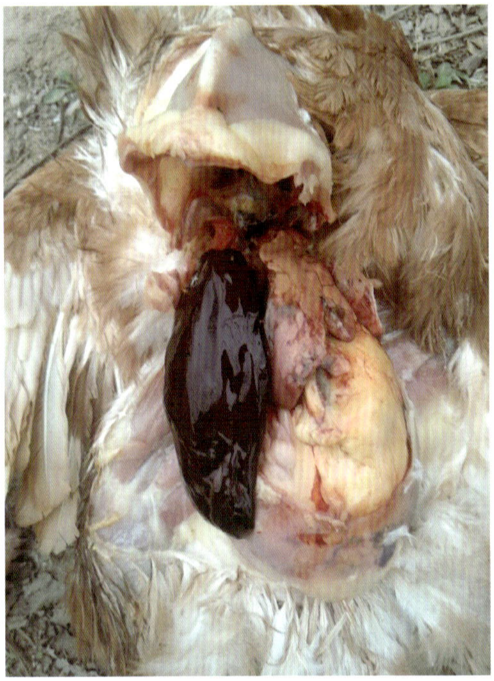

肝脏破裂，有出血块

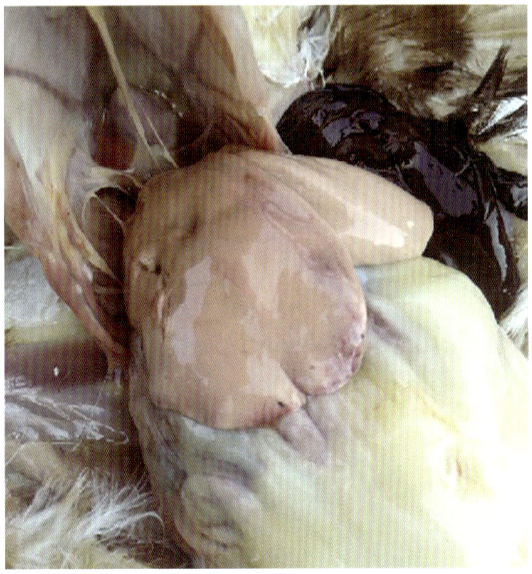

肝脏易碎

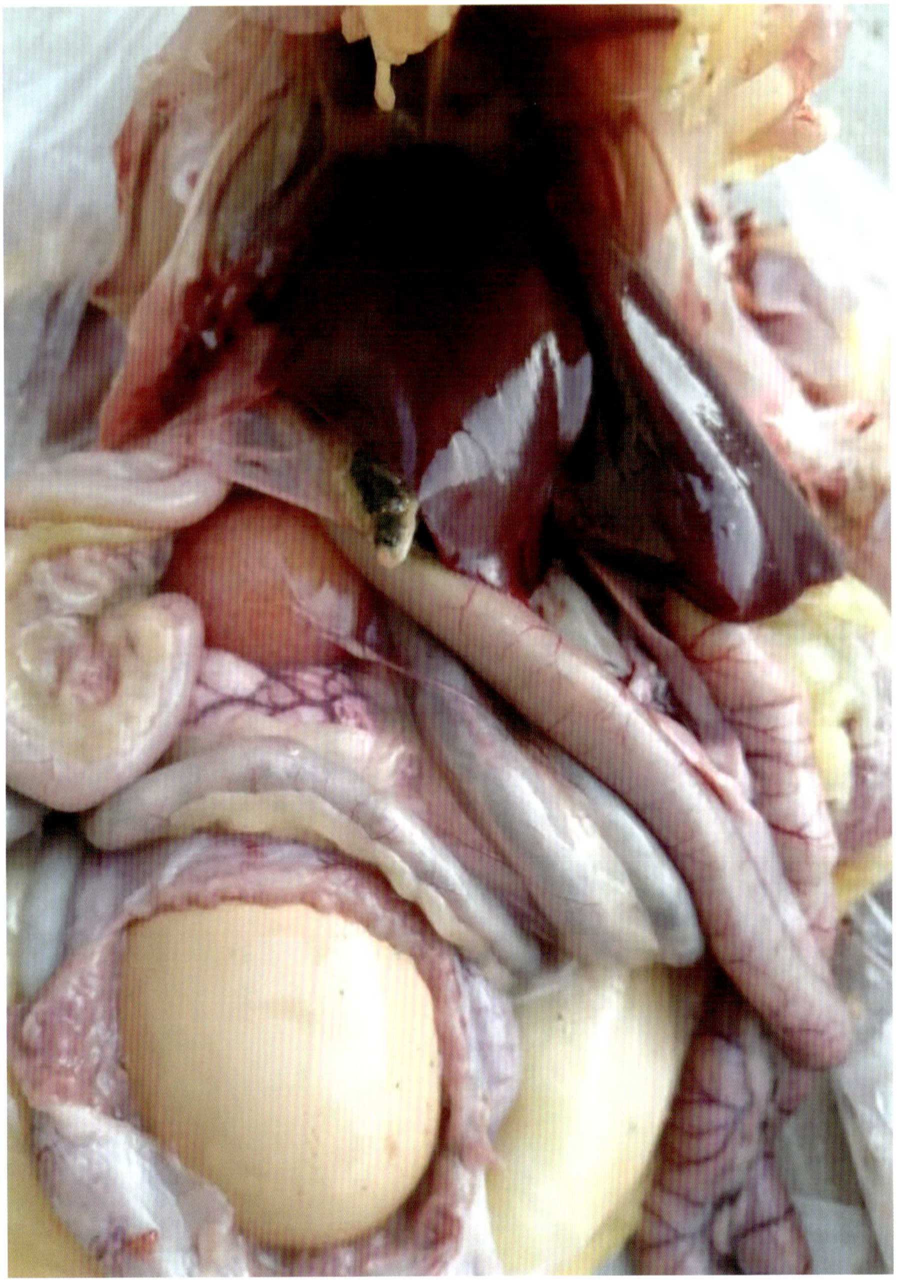

输卵管内有硬壳蛋

二、发病原因

1. 呼吸性碱中毒

夏季炎热，鸡没有汗腺，需要通过张嘴呼吸，排汗排热。鸡呼吸频率加快，过多的二氧化碳在体内蓄积，导致呼吸性碱中毒而突然死亡。

2. 血液黏稠度增高

鸡群除了张嘴呼吸外，还要通过大量喝水排出尿液，带走体内热量，因此，白天喝水多，排尿也多。晚上关灯后，鸡不喝水、不吃料，但还要继续排尿，会导致血液黏稠度升高，血液循环受阻，突然死亡。

3. 肠道炎症会加重“新母鸡”病的发生

处于产蛋爬升期或高峰期的蛋鸡，对能量的需求高。由于鸡患有肠道疾病，饲料转化率降低，满足不了正常需求时，就会体力衰竭而死。

4. 血氧含量低

鸡舍通风不良时，机体血氧浓度低，造成缺氧死亡。

5. 热应激造成鸡猝死

夏季外界环境高于38℃，鸡舍如无湿帘、风扇等降温设施，鸡易因急性中暑而死亡。

鸡冠尖发紫

三、防治措施

23~24 点开灯 1 个小时，确保有水有料，让鸡群活动散热。

采用高代谢能水平饲料。

提高鸡肠道健康。

加强通风管理，鸡舍安装湿帘。

使用药物缓解热应激。

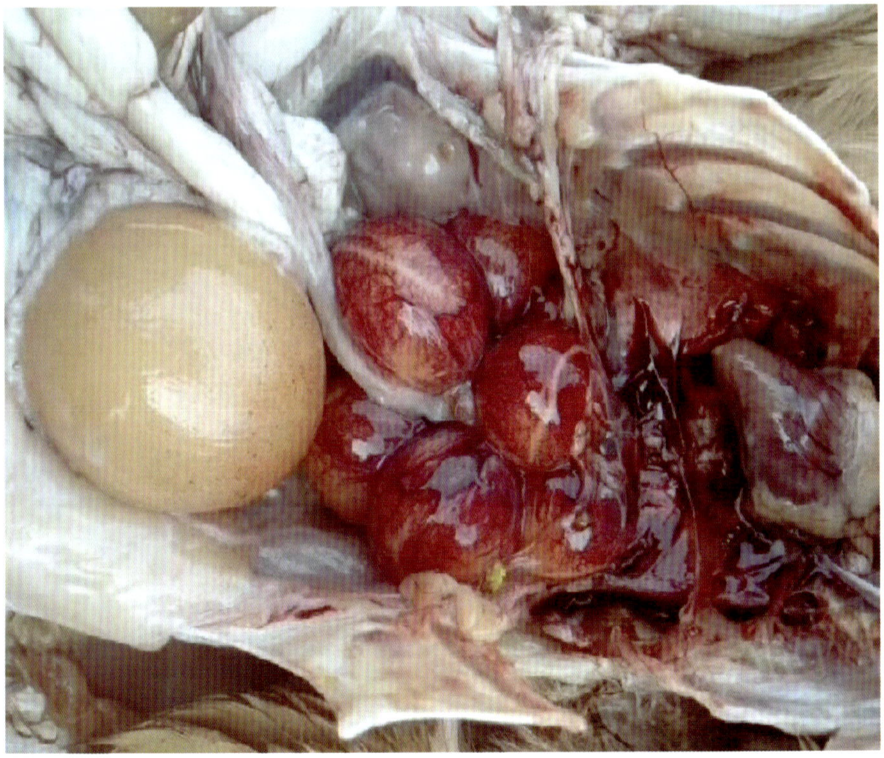

卵泡充血

子宫内有未产出的鸡蛋

脂肪肝

脂肪肝也属于营养代谢病，蛋鸡突然死亡，鸡冠发白。死机体重大，肝脏破裂，有凝血块。

一、发病原因

饲料中黄曲霉毒素含量高，鸡肝脏受损。

饲料中蛋氨酸、维生素 B_{12}、胆碱等缺乏时，会影响脂肪的代谢。

饲料中加油脂过多、能量过高，会导致脂肪肝。

二、防治措施

确保饲料中蛋氨酸、胆碱、维生素充足。

防止饲料霉变。夏季饲料存放时间不能太久。

夏季适当减少饲料中油脂的添加量，减少鸡肝脏负担。

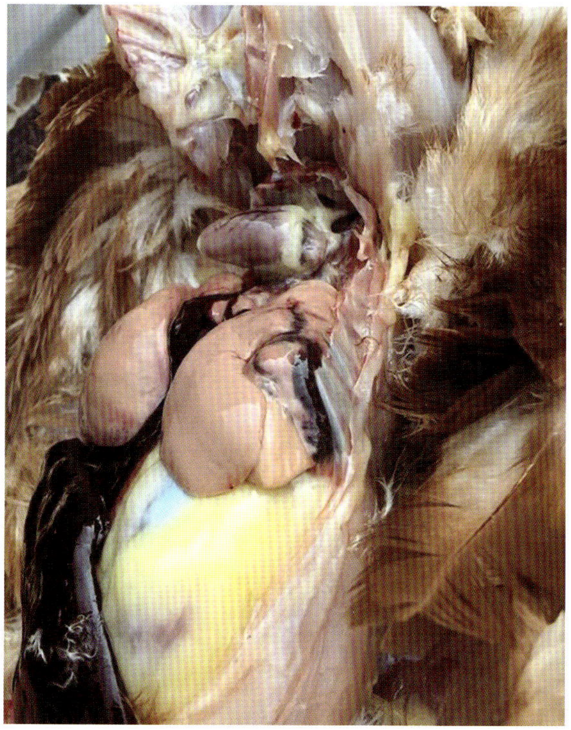

腹部有大量脂肪沉积

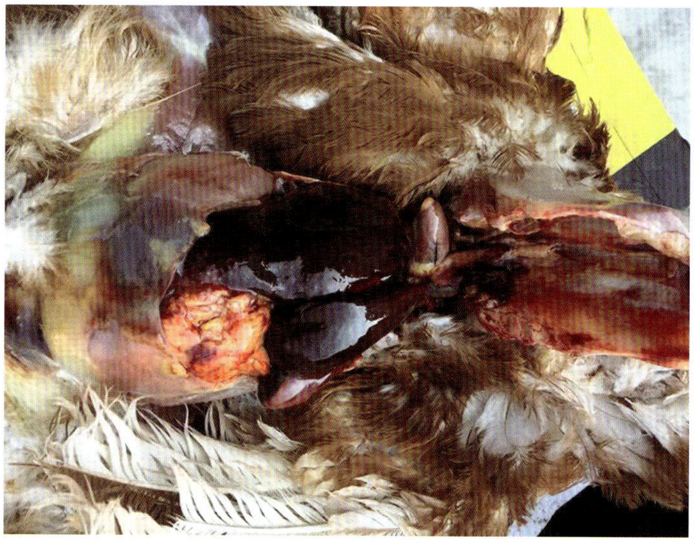

肝脏破裂，有出血块

肝脏颜色变浅

[其他疾病]

QITA JIBING

霉菌毒素中毒

一、不同霉菌毒素的危害

霉菌毒素主要包括黄曲霉毒素、玉米赤霉烯酮、呕吐毒素、赭曲霉毒素和 T2 毒素等。

1. 黄曲霉毒素

黄曲霉毒素主要由霉菌中的曲霉产生，毒性很强且能够持续发生作用，造成蛋鸡慢性中毒，表现为生长受阻、饲料的利用率下降、胸腺和法氏囊慢性萎缩等。由于黄曲霉毒素在蛋鸡肝脏中逐渐蓄积，未降解的黄曲霉毒素会不断损伤肝脏，引起一系列的肝脏问题。此外，黄曲霉毒素能破坏蛋鸡的免疫系统，造成体液免疫与细胞免疫应答迟缓，蛋鸡对疾病的免疫力和抗病力降低。

饲料结块发霉

产蛋鸡倒冠

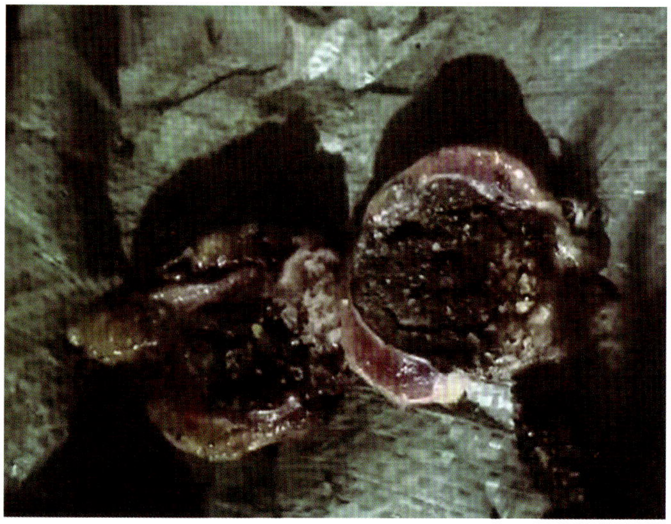

腺胃肿胀，内容物发黑

2. 玉米赤霉烯酮

玉米赤霉烯酮主要表现为类雌激素作用，影响蛋鸡产蛋率，可造成破蛋率和蛋畸形率升高，损害卵巢正常组织结构，造成卵巢充血、出血、卵泡萎缩。

3. 呕吐毒素

呕吐毒素是对蛋鸡健康危害最严重的毒素之一。蛋鸡采食被低剂量呕吐毒素污染的饲料，会造成采食量下降、饲料利用率降低等，从而导致生产性能下降。高剂量呕吐毒素刺激，会造成蛋鸡肠道屏障破坏、免疫功能紊乱，并出现呕吐、腹泻等症状，甚至死亡。

4. 赭曲霉毒素

赭曲霉毒素主要影响肾脏功能，引起原发性肾病，造成肝脏、胰脏苍白，肾脏苍白、肿胀，输尿管白色尿酸盐沉积。还会引起蛋鸡体重下降，钙磷无法正常吸收，骨骼逐渐脆弱，容易挫伤。被赭曲霉毒素污染的饲料适口性差，会导致蛋鸡采食量下降，产蛋量和品质下降，还可造成畸形蛋增加。

倒冠现象

5. T2 毒素

T2 毒素会造成蛋鸡口腔溃疡，进而导致蛋鸡采食量下降、拒食、羽毛生长不全、生长速度下降、产蛋率低等。此外，T2 毒素主要作用于细胞分裂旺盛的组织器官，如胸腺、骨髓、肝、脾、淋巴结及胃肠黏膜等，抑制细胞蛋白质和 DNA 合成，造成免疫抑制。

蛋壳有裂纹

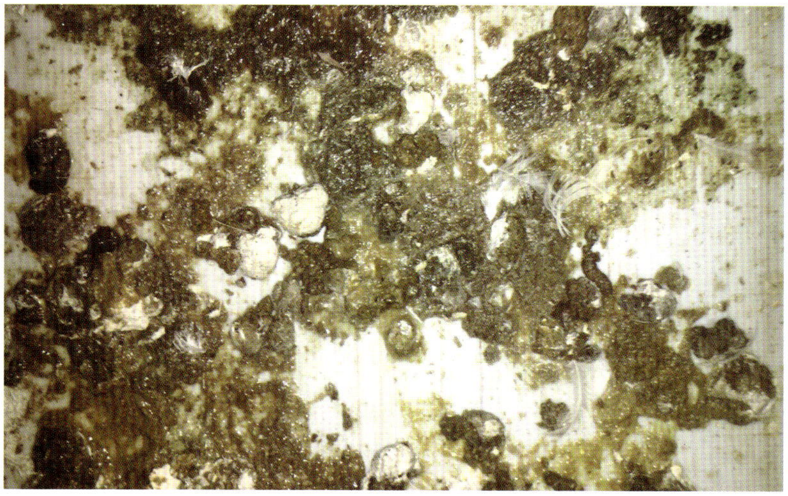

黑粪增多

鸡冠增大，脸红

二、霉菌毒素对蛋鸡的危害

1. 影响蛋鸡生长性能

霉菌毒素严重破坏蛋鸡消化道功能，引起口腔溃疡、吐水、嗉囊炎症、腺肌胃炎，肠道肿胀、肠黏膜脱落和坏死，影响机体对营养物质的消化和吸收。雏鸡对霉菌毒素的敏感性相对较高，经常性排过料便、水便，病死率较高。成年蛋鸡通常呈慢性中毒，主要表现机体消瘦、贫血、精神沉郁、饲料转化率降低，肠炎反反复复，治疗不彻底。

2. 影响蛋鸡生殖器官的功能

玉米赤霉烯酮属于霉菌繁殖的非甾体类产物，主要影响蛋鸡的生殖系统，引起卵巢萎缩、卵泡发育迟缓，产蛋率降低，蛋壳质量下降（蛋重减轻，蛋壳颜色变淡、变薄，破蛋增多）等。同时，蛋鸡还表现倒冠、产蛋延迟、腹水症等症状。

玉米霉变

玉米霉变严重

饲料霉变

3. 影响蛋鸡免疫器官功能

霉菌毒素能引起法氏囊、胸腺和脾脏等免疫器官萎缩，诱发免疫抑制。同时，肝脏作为霉菌毒素的靶器官，易受到霉菌毒素攻击。鸡只肝脏损伤，严重者肝细胞增生和肝脏变性坏死。临床肝脏肿大、变黄、破裂，易发生包涵体肝炎、弧菌性肝炎、戊型肝炎等肝脏疾病。霉菌毒素易导致免疫抑制性疾病。

胃内容物发黑

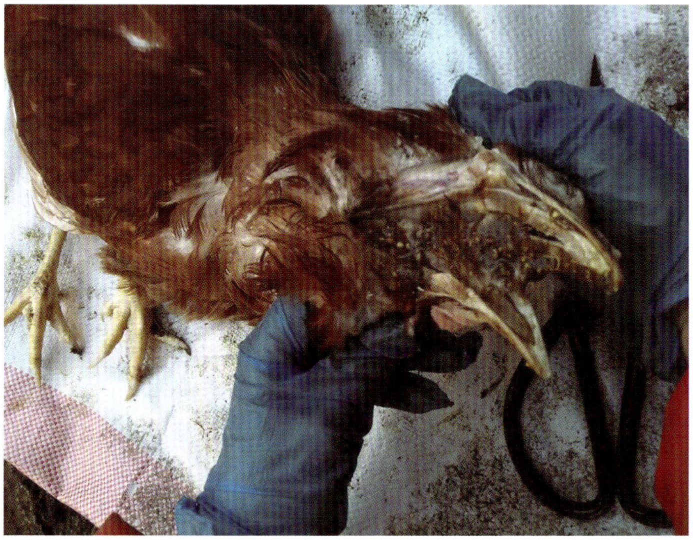

食管内黑褐色食物

肌胃溃疡

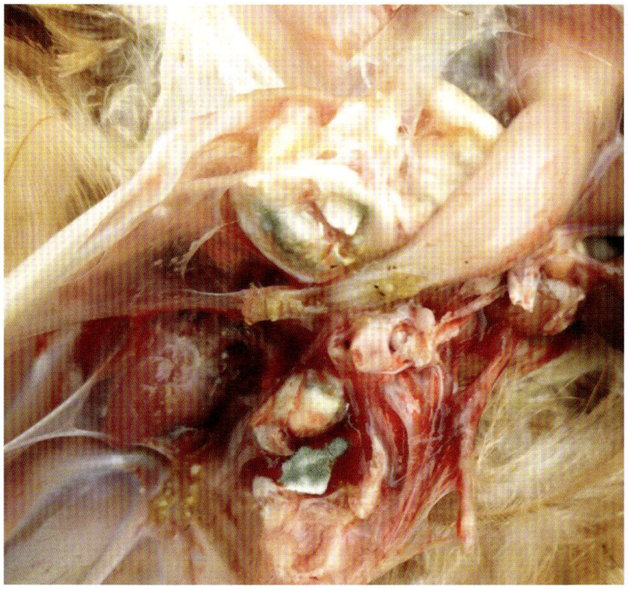

肺部霉菌斑块

三、临床症状

1. 吐水

吐水是呕吐毒素损伤胃和肠黏膜所致。吐水会造成饲料的二次污染，健康鸡采食被二次污染的饲料，也被霉菌毒素侵害。另外，呕吐毒素和 T2 毒素除了造成鸡群吐水之外，还会造成肌胃穿孔、糜烂，造成肌胃炎。在育雏期、育成期、产蛋期，都能见到肌胃穿孔的情况。同时表现机体抵抗力下降，体重不达标，均匀度不好，开产晚，死淘率高。

2. 肝病

霉菌毒素的解毒器官是肝脏，鸡群受到霉菌毒素的侵害，最终会导致肝脏受损。黄曲霉毒素的主要靶器官是肝脏，当肝脏排毒和解毒功能、肝细胞自身修复功能受损时，最终会导致肝脏病变。

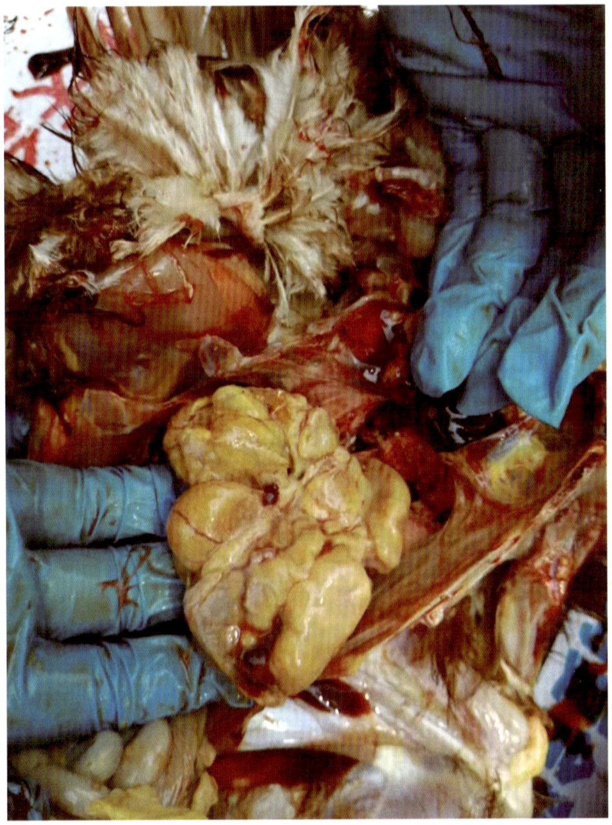

卵泡变性

口腔溃疡

肌胃糜烂穿孔

3. 生殖功能受损

玉米赤霉烯酮引起生殖系统萎缩、卵泡变形、输卵管变细、输卵管堵塞等问题，表现产蛋无高峰期、蛋壳品质差、产蛋率低、倒冠、大红冠子、红脸（“假母鸡”）等症状。

4. 肾脏功能受损

赭曲霉毒素主要影响肾脏功能，严重破坏机体的免疫力，影响疫苗免疫抗体的产生，增加鸡群感染疾病的风险。

四、治疗方案

选用优质的饲料原料，防止霉变；定期清理水线；饲料少喂勤添，防止酸败结块。

饲料中添加霉菌毒素吸附剂，要配合中药、酶制剂等对症治疗。

鸡群吐水

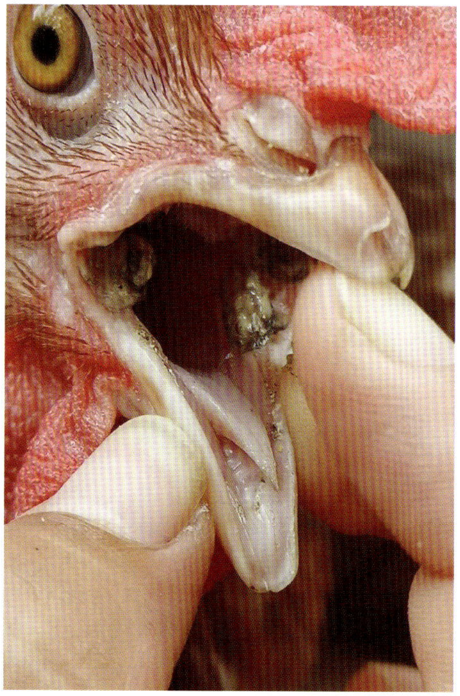

口腔溃疡

胃内容物呈酱油色

腺、肌胃炎

近年来，鸡腺、肌胃炎的发病率高。该病主要影响育雏期、育成期鸡的生长发育，鸡群均匀度差，开产时间延迟，产蛋性能低等。

一、发病原因

腺、肌胃炎的主要发病原因与霉菌毒素密不可分，呕吐毒素和T2毒素主要引发鸡的腺、肌胃炎，还有口腔溃疡。

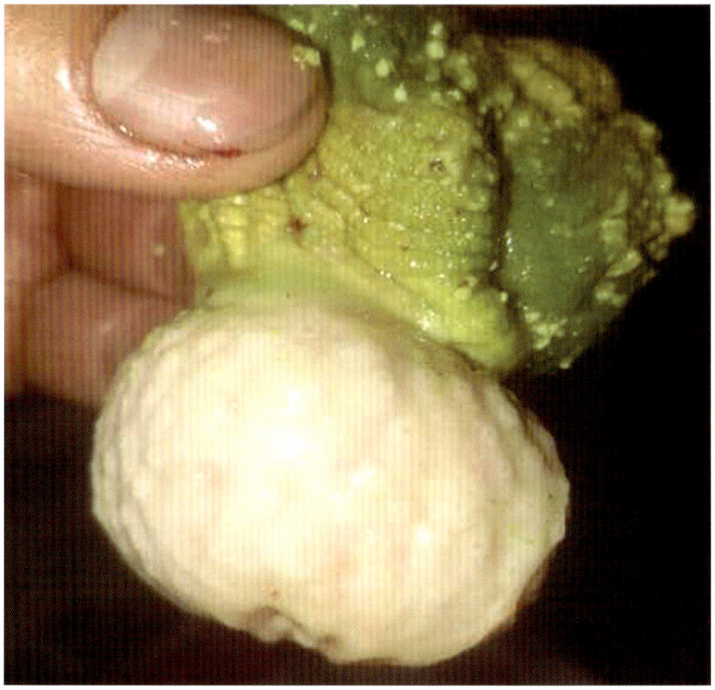

腺胃肿胀

排细条粪便

二、临床症状

料槽有大颗粒剩料。病鸡吐水，排鱼肠子样细条粪便，内有未消化的饲料。病鸡生长缓慢，体重不达标。

三、剖检病变

腺胃肿胀如球形，腺胃乳头消失；鸡胃内容物呈绿色、黑色，角质层有溃疡、坏死。当种鸡因霉菌毒素中毒患有腺、肌胃炎时，会导致产蛋率、受精率下降。后代雏鸡早期腺、肌胃炎严重。

肌胃角质层溃疡

腺胃肿胀出血

腺胃肿胀坏死

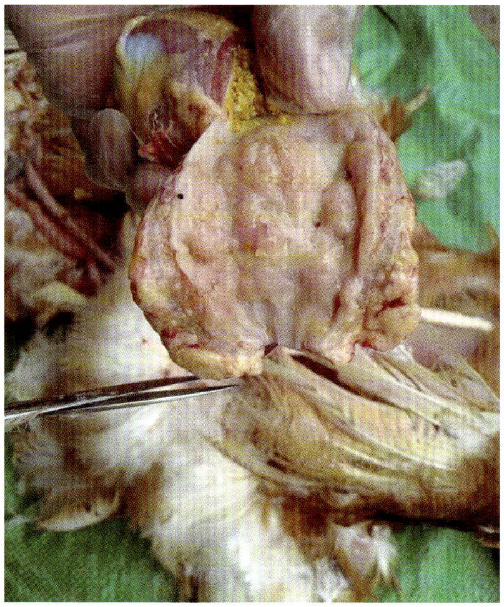

腺胃增生

腺胃肿胀、外翻

四、防治措施

使用脱霉剂，降低饲料中霉菌毒素含量。使用中药和微生态制剂，调整胃肠道功能。

排鱼肠子样粪便

粪便发红

生理性排稀便

生理性排稀便是春、夏季蛋鸡特有的一种现象。夏季，随着舍内温度升高，鸡的饮水量和排泄量会增加，粪便变稀。如果鸡群在春、夏季开产，可能会有一开产就排稀便的现象，但鸡群不影响生产性能。过了产蛋高峰期，一入秋，排稀便就好了。这就属于生理性排稀便。

开产前饲料配方中麸皮添加量大、钙质加得太快，也会引起生理性排稀便。正常是 105 天鸡卵泡和输卵管发育时就应该加钙，产蛋率达到 10%~20% 时把石粉加到 8%，但好多是在开产后才加钙，而且加得特别快，产蛋率达 40% 时已加到 8%。钙加得太快，机体吸收不了，肾脏负担过重，也容易引起生理性排稀便。

在不影响鸡群正常生产性能时，生理性排稀便不需治疗，但要密切关注粪便的变化。一旦发现鸡排过料便，颜色发红、发黄或发白，就是生理性排稀便并发了病理性排稀便。要及时查出病因，消炎止痢。

夏季注意鸡舍通风干燥，安装湿帘、风扇等降温设施。开产期早注意鸡群的营养补充和钙磷平衡，就可有效预防生理性排稀便。

过料便不成形

排水样粪便

排水样粪便